高等职业教育改革创新示范系列教材

数控车床
加工工艺及编程

SHUKONGCHECHUANG JIAGONG GONGYI JI BIANCHENG

主　编　汪　锐
副主编　李功勇
编　者　金　军　刘　芳　王兆芳
　　　　郑　漫　陈运新　高慧勤
　　　　李现旗

图书在版编目(CIP)数据

数控车床加工工艺及编程/汪锐主编. —合肥:安徽大学出版社,2012.6(2024.1重印)

高等职业教育改革创新示范系列教材

ISBN 978-7-5664-0456-5

Ⅰ.数… Ⅱ.①汪… Ⅲ.①数控机床—车床—加工工艺—高等职业教育—教材 ②数控机床—车床—程序设计—高等职业教育—教材 Ⅳ.①TG519.1

中国版本图书馆 CIP 数据核字(2012)第 132529 号

数控车床加工工艺及编程

汪 锐 主编

出版发行:	北京师范大学出版集团 安徽大学出版社 (安徽省合肥市肥西路3号 邮编230039) www.bnupg.com www.ahupress.com.cn
经　销:	全国新华书店
印　刷:	合肥杏花印务股份有限公司
开　本:	787 mm×1092 mm　1/16
印　张:	15.25
字　数:	371千字
版　次:	2012年6月第1版
印　次:	2024年1月第4次印刷
定　价:	29.50元

ISBN 978-7-5664-0456-5

策划统筹:李 梅 武溪溪　　　　　　　　装帧设计:李 军
责任编辑:武溪溪　　　　　　　　　　　　责任印制:赵明炎

版权所有　侵权必究

反盗版、侵权举报电话:0551—65106311
外埠邮购电话:0551—65107716
本书如有印装质量问题,请与印制管理部联系调换。
印制管理部电话:0551—65106311

前　言

随着数控机床在汽车、模具等机械制造领域的广泛应用,现代机械制造技术发生了巨大的变化。大力发展、应用数控加工技术已成为21世纪全体机械制造企业的重中之重。以高等职业教育为主导的各种形式的培养应用型人才的教育发展到与普通高等教育等量奇观的地步,其来势之迅猛,迫人深思。与此同时,实用型数控加工技术人员的匮乏,已成为制造工业快速、高效及可持续发展的瓶颈。

本书正是从有效培养数控实用技术人才角度出发,使数控编程与数控加工工艺技术相互融合、贯通,针对当前机械制造企业对数控人才具备的专业知识结构的要求,结合近几年高等职业技术教育课程改革的经验以及全体编者多年数控编程与加工技术理论和实践教学的工作经验,精心编写而成。

本教材全面、系统地介绍了数控车床加工工艺及编程的主要理论和相关技能,共分为八个模块。主要内容包括数控机床加工概述、数控车削加工工艺分析、数控车床刀具与选用、数控车床的工装夹具、数控车床操作面板介绍、数控车床基本编程方法、数控车床循环指令编程方法、数控车床仿真加工等。各模块还附有练习题,供读者选用。

本教材在编写过程中,突出以下特色:

1. 全书以四个任务驱动数控加工工艺、数控刀具、数控机床夹具、数控编程和仿真加工的学习。四个任务贯穿全书始终,在对应不同的模块时作出具体分析。如任务一的典型轴类零件加工在模块一主要作图形分析,在模块二主要作数控加工工序分析,在模块三主要作数控刀具分析,在模块四主要作数控机床夹具分析,在模块五主要作零件精加工分析,在模块六主要作粗加工循环加工分析,在模块七主要作加工机床面板分析,在模块八主要作仿真加工分析。

2. 四个任务内容全面,包括典型轴类零件加工和典型套类零件加工。涉及数控加工中常见的内外圆柱面、内外圆锥面、槽、螺旋面、端平面、非圆曲线等。

3. 基础知识必需和够用,易学易懂。表现形式图文并茂。反映工作逻辑,逻辑性强,内容编排合理。由一开始工序分析、刀具分析、夹具分析到最后零件加工综合分析及加工,内容体现梯度化。

4. 贴合企业实际,以汽车企业实际加工零件为例,如汽车前减振器下销零件加工和汽车前桥转向节零件加工。能够结合实际生产，与实际生产精密关联，反映新知识、新技术、新工艺和新方法。

本教材由安徽汽车职业技术学院汪锐任主编，安徽汽车职业技术学院李功勇任副主编，安徽汽车职业技术学院金军、刘芳、王兆芳、郑漫、陈运新、高慧勤、李现旗参加了部分章节的编写。具体分工如下，汪锐编写模块二和模块三；李功勇编写模块八；李现旗编写附图；金军编写模块六；刘芳编写模块七；王兆芳编写模块一；郑漫编写模块五；陈运新编写各模块实训任务；高慧勤编写模块四。

本书是高等职业技术学院机械制造、模具、数控技术应用等专业的教材，也可以供机电技术应用等相关专业使用。

本书虽经众多编者反复推敲以尽量避免学术上的讹谬，然而由于编者的能力和水平所限，加之时代日新月异的发展而导致理论的持续变革，书中难免存在不妥或疏漏之处，恳请广大师生、读者、同仁和专家批评斧正，以便修订时加以完善。在此一并致谢。

汪 锐

2012年6月

目 录

模块一　数控机床加工概述 …………………………………………………… 1
  1.1　数控机床 ………………………………………………………………… 2
  1.2　数控机床加工系统 ……………………………………………………… 3
  1.3　数控机床加工 …………………………………………………………… 7
  实训任务　汽车典型零件图形分析 ………………………………………… 17
  模块练习题 …………………………………………………………………… 20

模块二　数控车削加工工艺分析 ……………………………………………… 22
  2.1　数控加工工艺概述 ……………………………………………………… 23
  2.2　数控加工工艺分析与工艺设计 ………………………………………… 24
  2.3　数控车削进给路线的确定 ……………………………………………… 28
  2.4　数控编程中的数字处理 ………………………………………………… 32
  2.5　数控加工工艺文件 ……………………………………………………… 34
  2.6　数控车削零件工艺分析举例 …………………………………………… 35
  实训任务　汽车典型零件加工工艺分析 …………………………………… 38
  模块练习题 …………………………………………………………………… 43

模块三　数控车床刀具与选用 ………………………………………………… 48
  3.1　数控刀具的主要种类 …………………………………………………… 49
  3.2　数控刀具的基本要求 …………………………………………………… 52
  3.3　数控可转位刀片 ………………………………………………………… 55
  3.4　数控车刀的装夹 ………………………………………………………… 61
  实训任务　汽车典型零件加工刀具选用 …………………………………… 64
  模块练习题 …………………………………………………………………… 74

模块四　数控车床的工装夹具 ………………………………………………… 77
  4.1　数控车床工装夹具的作用及组成 ……………………………………… 78
  4.2　数控机床夹具的类型和特点 …………………………………………… 79
  4.3　数控车床零件基准和加工定位基准 …………………………………… 80

  4.4 数控车床通用夹具 …………………………………………………… 82
  4.5 零件加工夹具的选择 ………………………………………………… 88
 实训任务 汽车典型零件工装夹具分析 ……………………………………… 88
 模块练习题 ……………………………………………………………………… 96

模块五 数控车床操作面板介绍 …………………………………………… 99
  5.1 计算机仿真加工系统的进入 ………………………………………… 100
  5.2 选择机床类型 ………………………………………………………… 101
  5.3 部分面板按键功能说明（FANUC） ………………………………… 102
  5.4 机床准备 ……………………………………………………………… 105
  5.5 工件的使用 …………………………………………………………… 106
  5.6 选择刀具 ……………………………………………………………… 108
 实训任务 汽车典型零件加工准备 …………………………………………… 109
 模块练习题 ……………………………………………………………………… 121

模块六 数控车床基本编程方法 …………………………………………… 123
  6.1 数控车床编程概述 …………………………………………………… 124
  6.2 数控程序基础知识 …………………………………………………… 125
  6.3 数控车床编程系统功能 ……………………………………………… 129
  6.4 数控车床常用指令和编程方法 ……………………………………… 132
  6.5 B 类宏程序编程 ……………………………………………………… 136
  6.6 FANUC0i 数控车床常用编程指令表 ………………………………… 143
 实训任务 汽车典型零件加工程序编写 …………………………………… 144
 模块练习题 ……………………………………………………………………… 153

模块七 数控车床循环指令编程方法 ……………………………………… 156
  7.1 内外直径的切削循环 ………………………………………………… 157
  7.2 螺纹加工自动循环指令 ……………………………………………… 163
  7.3 数控加工的刀具半径补偿 …………………………………………… 167
  7.4 主程序和子程序 ……………………………………………………… 169
 实训任务 汽车典型零件加工程序优化分析 ………………………………… 170
 模块练习题 ……………………………………………………………………… 182

模块八 数控车床仿真加工 …………………………………………………… 184
  8.1 刀具形状参数补偿 …………………………………………………… 185
  8.2 刀具磨耗参数补偿 …………………………………………………… 188

8.3 手动操作 …………………………………………………………………… 189
  8.4 数控程序处理 ……………………………………………………………… 190
  8.5 自动加工方式 ……………………………………………………………… 193
  8.6 MDI模式 …………………………………………………………………… 194
 实训任务 汽车典型零件仿真加工 ……………………………………………… 195
 模块练习题 ……………………………………………………………………… 217

附 录 ……………………………………………………………………………… 218
 附录1 任务一的典型轴类零件图(一) …………………………………………… 218
 附录2 任务一的典型轴类零件图(二) …………………………………………… 219
 附录3 任务二的典型套类零件图 ………………………………………………… 220
 附录4 任务三的汽车前减振器下销图 …………………………………………… 221
 附录5 任务四的汽车转向节图 …………………………………………………… 222
 附录6 FANUC系统常用编程代码 ………………………………………………… 224
 附录7 SINUMERIK 802S系统常用编程代码 …………………………………… 226
 附录8 SINUMERIK 840D/FM－NC系统常用编程代码 ……………………… 228
 附录9 PA系统常用编程代码 ……………………………………………………… 230
 附录10 OSP700M/7000M(大隈 OKUMA)系统常用编程代码 ……………… 231
 附录11 KND车床数控系统常用编程代码 ……………………………………… 233
 附录12 南京新方达CNC－39T车床数控系统常用编程代码 ………………… 235

参考文献 …………………………………………………………………………… 236

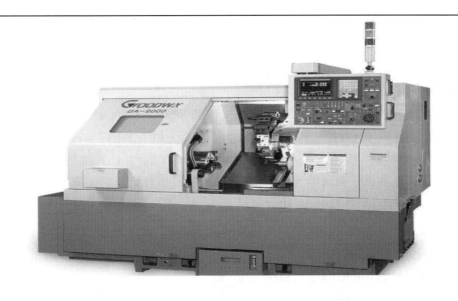

模块一

数控机床加工概述

知识目标

1. 了解数控机床的产生和数控机床的概念。
2. 了解机械加工表面质量的含义及对零件使用性能的影响。
3. 了解加工余量的概念和确定加工余量的方法。
4. 掌握数控机床的组成及功能。
5. 掌握数控加工工艺系统的基本组成。
6. 掌握工件获得尺寸精度的方法。

技能目标

1. 正确分析典型轴类零件的尺寸精度和表面质量。
2. 正确分析典型套类零件的尺寸精度和表面质量。
3. 正确分析汽车前减振器下销零件的尺寸精度和表面质量。
4. 正确分析汽车转向节零件的尺寸精度和表面质量。

1.1 数控机床

1.1.1 数控机床的产生

1952年,美国Parsons&MIT联合制造出了世界第一台三坐标数控铣床。

1958年我国第一台数控机床在清华航空馆诞生。如图1-1所示,这台代号为101的数控机床是由电机系、机械系和自动控制系师生共同完成的,计算机是直线插补电子管系统,传动是步进电机带动的电气随动系统,机床是三坐标铣床。

1.1.2 数控技术与数控机床

什么是数控？数控即数字控制(Numerical Control,NC),数控机床是采用数字化信息实现自动化控制的技术。

数控机床是用数字化信号对机床的运动及其加工过程进行控制的机床。数控机床按照事先编织好的加工程序,自动地对被加工零件进行加工。我们把零件的加工工艺路线、工艺参数、刀具的运动轨迹、位移量、切削参数(主轴转数、进给量、背吃刀量等)以及辅助功能(换刀,主轴正转、反转,切削液开、关等),按照数控机床规定的指令代码及程序格式编写成加工程序单,再把这一程序单中的内容记录在控制介质上,然后输入到数控机床的数控装置中,从而指挥机床加工零件。这种从零件图

图1-1 我国第一台数控机床

的分析、控制介质到制成的全部过程叫数控程序的编制。

从以上分析可以看出,数控机床特别适合加工小批量且形状复杂要求精度高的零件。

从外观上看,数控机床都有CRT屏幕,我们可以从屏幕上看到加工程序、各种工艺参数等内容。从内部结构来看,数控机床没有变速箱,它的主运动和进给运动都是由直流或交流无级变速伺服电动机来完成的。另外,数控机床一般都有工件测量系统,在加工过程中,可以减少人工测量工件的次数。所以,数控机床在各行各业中的使用将会越来越普及。

1.1.3 计算机数控装置系统

计算机数控装置系统由用户程序、输入输出设备、计算机数字控制装置(CNC装置)、可编程控制器(PLC)、主轴驱动装置和进给驱动装置等组成,如图1-2所示。数控机床在数控系统的控制下,自动地按给定的程序进行机械零件的加工。

1.1.4 可编程控制器(PLC)

可编程控制器主要完成数控设备的各种执行机构的逻辑顺序控制,即用PLC程序

代替继电器控制线路,实现数控设备的辅助功能、主轴转速功能、刀具功能等的译码和控制。

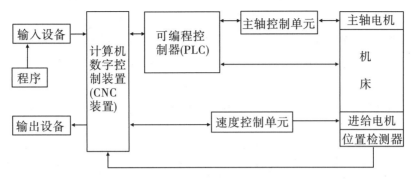

图 1-2 计算机数控装置系统

PLC 有内装型和独立型两种。内装型 PLC 从属于 CNC 装置,PLC 硬件电路可与 CNC 装置的其他电路制作在同一块印刷板上,也可以做成独立的电路板。独立型 PLC 独立于 CNC 装置,本身具有完备的硬、软件功能,可以独立完成所规定的控制任务。

1.1.5 伺服系统

伺服系统主要指数控设备的主轴驱动和进给驱动,是 CNC 系统的执行部分,包括驱动机构和执行机构两大部分。伺服系统的作用是把来自 CNC 装置的各种指令(脉冲信号),转换成数控设备移动部件的运动。

在数控机床的伺服驱动机构中,常用的驱动元件有功率步进电机、直流伺服电机和交流伺服电机,后二者都带有感应同步器、编码器等位置检测元件。

1.2 数控机床加工系统

1.2.1 数控机床加工工件的基本过程

数控机床加工工件包括以下基本过程如图 1-3 所示。

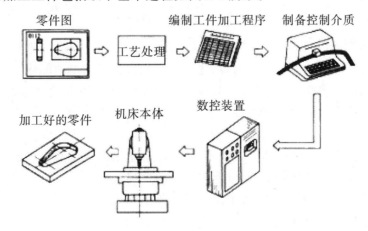

图 1-3 数控机床加工工件的基本过程

(1) 根据零件加工图样进行工艺分析,确定加工方案、工艺参数和位移数据。

(2) 用规定的程序代码和格式编写零件加工程序单,或用自动编程软件 CAD/CAM 进行工作,直接生成零件的加工程序文件。

(3) 程序的输入或传输。对于手工编写的程序,可以通过数控机床的操作面板输入;对于编程软件生成的程序,则通过计算机的串行通信接口直接传输到数控机床的数控单元。

(4) 按照输入或传输到数控单元的加工程序,进行试加工、刀具路径模拟等。

(5) 通过对机床的正确操作,运行程序,完成零件的加工。

1.2.2 数控加工工艺系统的组成

在机械加工中,由机床、夹具、刀具和工件等组成的统一体,称为数控工艺系统。数控加工工艺系统的组成如图 1-4 所示。

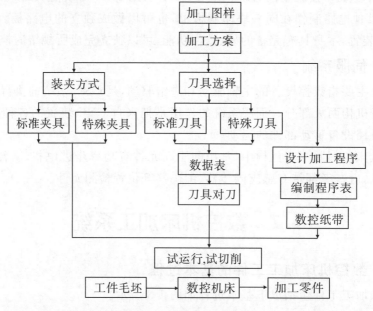

图 1-4 工艺系统的组成

1.2.3 数控机床加工工件的图形分析

(1) 选择确定数控车削加工的内容,选择适合数控机床加工的部分。

(2) 分析结构工艺性,使满足设计的零件结构便于加工成形,且成本低、效率高。

(3) 分析工件图形的尺寸精度及技术要求,以确定加工余量。

(4) 分析工件图形的形位精度及技术要求,以确定装夹方式。

(5) 分析工件图形的表面质量及技术要求,以确定切削用量的选择。

(6) 分析工件材料及技术要求,以确定刀具的选择。

(7) 选择零件图形编程原点,以确定工件编程坐标系。

(8) 确定零件图形尺寸设定值,以确定各节点坐标。

1.2.4 数控机床加工工件的工艺处理

(1)选择加工方法,要同时确保达到加工精度和表面粗糙度的要求。
(2)确定加工方案,计算加工余量,以确定总加工余量。
(3)划分工序和工步,以确定工序余量。
(4)确定装夹方式　首先确定工件的加工定位基准,其次确定工件的夹紧方案。
(5)选择合适的通用夹具或自制专用夹具。
(6)选择刀具与切削用量　首先选择刀具,其次确定背吃刀量、切削速度、进给量,最后确定对刀点和换刀点。
(7)确定工艺加工路线。

1.2.5 编写工件加工程序

数控机床将加工过程所需的各种操作和步骤,以及刀具与工件之间的相对位移量,用数字化代码编写成加工程序,输入到数控机床数控系统中。

1. 数值处理

在确定工艺方案后,要根据零件的形状、尺寸、加工路线,正确地计算出零件轮廓上各集合元素的起点、终点、圆心等坐标数值。

2. 编写零件加工程序单

在完成工艺处理和数值处理后,编写人员按照数控机床规定的程序指令和程序格式,逐段编写零件加工程序单。

3. 制备控制介质

制备控制介质即把编制好的程序单上的内容记录在控制介质上,作为数控装置的输入信息。它是人与数控机床之间联系的中间媒介物质,反映了数控加工中的全部信息。

4. 程序检验

正式加工之前,应对程序进行检验。程序输入后,利用数控机床的CRT图形显示屏模拟刀具对工件的加工过程,以检验程序是否正确。为检验零件的加工精度,还需进行零件的首件试切。当发现有加工误差时,应分析误差产生的原因,再对程序进行整改或采取尺寸补偿等措施。

1.2.6 数控装置

1. 数据输入

输入给数控系统的数据有零件加工程序、控制参数和补偿数据等。

2. 译码

将零件程序以程序段为单位进行处理,把其中各种零件轮廓信息、加工速度信息和其他辅助信息按照一定的语法规则解释成计算机能够识别的数据形式,并以一定的数据格式存放在指定的内存中。

3. 刀具补偿

刀具补偿包括刀具位置补偿和刀具半径补偿。刀具补偿的作用是把零件轮廓轨迹转换成刀具中心轨迹。

4. 进给速度处理

根据编程的刀具移动速度来计算各运动坐标方向的分速度,并进行软件的自动加减速处理。

5. 插补

插补的任务是在一条给定起点和终点的曲线上进行"数据点的密化"。插补程序在每个插补周期运行一次,在每个插补周期内,根据指令进给速度计算出一个微小的直线数据段。通常经过若干次插补周期后,插补加工完一个程序段轨迹,即完成从程序起点到终点的"数据点的密化"。

6. 位置控制

位置控制的主要任务是在每个采样周期内,将理论位置与实际反馈位置相比较,用其差值去控制伺服电机。在位置控制中通常还要完成位置回路的增益调整、各坐标方向的螺距误差补偿和反向间隙补偿,以提高机床的定位精度。

7. I/O 处理

I/O 处理主要进行处理计算机数控装置与机床之间的信号输入、输出与控制。

8. 显示

显示的内容包括零件程序、机床参数、刀具位置、机床状态及报警信息等。

1.2.7 机床本体

机床本体一般指机床的机械结构部分,如床身、导轨、主轴箱、工作台及传动结构等。为适应数控机床的高精度、高效率的特点,数控机床本体在整体布局、机械传动系统和刀具系统的部件结构及操作结构等方面与普通机床有很大的区别。具体表现在以下方面。

(1)在数控机床上采用了高性能的主轴部件和传动系统,机械结构简化,热变形较小,精度稳定性好。

(2)进给传动机械部件采用滚珠丝杠、滚动导轨和静压导轨等,以提高传动效率和灵敏性。

(3)具有完善的刀具自动交换及其管理系统。

(4)在加工中心上一般具有工件自动变换、工件夹紧和放松机构。

(5)机床本身具有很高的动、静刚度。

(6)采用全封闭罩壳。由于数控机床是自动完成加工,为了操作安全等,一般采用移动门结构的全封闭罩壳,对机床的加工部件进行全封闭。

1.3 数控机床加工

1.3.1 获得工件精度的方法

1. 获得尺寸精度的方法

(1) 试切法 先试切出很小部分加工表面,测量试切所得的尺寸,按照加工要求适当调节刀具切削刃相对工件的位置,再试切、测量,如此经过 2~3 次试切和测量。当被加工工件尺寸达到要求后,再切削整个待加工表面。

(2) 调整法 预先用样件或标准件调整好机床、夹具、刀具和工件的准确相对位置,用以保证工件的尺寸精度。

(3) 定尺寸法 指用刀具的相应尺寸来保证工件被加工部位尺寸的方法。

(4) 主动测量法 在加工过程中,边加工边测量加工尺寸,并将所测结果与设计要求的尺寸相比较,然后根据比较结果确定机床继续工作或者让机床停止工作,这就是主动测量法。

(5) 自动控制法 该方法由测量装置、进给装置和控制系统等组成。它把测量装置、进给装置和控制系统组成一个自动加工系统,加工过程依靠系统来自动完成。

自动控制的具体方法有两种:①自动测量:即机床上有自动测量工件尺寸的装置,当工件达到要求的尺寸时,测量装置即发出指令使机床自动退刀并停止工作。②数字控制:即机床中有控制刀架或工作台精确移动的伺服电动机、滚动丝杠螺母及整套数字控制装置,尺寸的获得(刀架的移动或工作台的移动)由预先编制好的程序通过计算机数字控制装置来自动控制。

自动控制法具有生产率高、加工柔性好、加工工件质量稳定等优点,能适应多品种生产,是目前机械制造的发展方向和计算机辅助制造(CAM)的基础。

2. 获得形状精度的方法

(1) 轨迹法 也称刀尖轨迹法,即依靠刀尖的运动轨迹获得形状精度方法。让刀具相对于工件做有规律的运动,以其刀尖轨迹获得所要求的表面几何形状。图 1-5 所示为车圆锥面。

(2) 成形法 指利用成形刀具对工件进行加工的方法,即用成形刀具取代普通刀具,成形刀具的切削刃就是工件外形。图 1-6 所示为用成形法车球面。

(3) 仿形法 指刀具按照仿形装置进给对工件进行加工的方法。仿形法所得到的形状精度取决于仿形装置的精度和其他成形运动的精度。

(4) 展成法(范成法) 指利用工件和刀具做展成切削运动进行加工的方法。展成法所得被加工表面是切削刃和工件做展成运动过程中所形成的包络面,切削刃的形状必须是被加工表面的共轭曲线。它所获得的精度取决于切削刃的形状和展成运动的精度等。这种方法用于各种齿轮齿廓、花键键齿、涡轮轮齿等表面的加工,其特点是刀刃的形状与所需表面的几何形状不同。

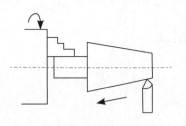

图 1-5 轨迹法

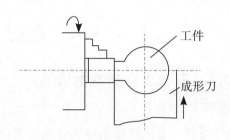

图 1-6 成形法

3. 获得位置精度的方法

(1) 一次安装法 有位置精度要求的零件的各相关表面,是在工件同一次安装中完成并保证的。一次安装法一般是用夹具装夹实现的。

(2) 多次安装法 零件有关表面的位置精度是由加工表面与工件定位基准面之间的位置精度决定的。

根据工件安装方式不同,多次安装法又分为直接安装法、找正安装法和夹具安装法。

① 直接安装法:将工件直接安装在机床上,从而保证加工表面与定位基准面之间的精度。例如,在车床上加工与外圆同轴的内孔,可用三爪卡盘直接安装工件,如图 1-7 所示。

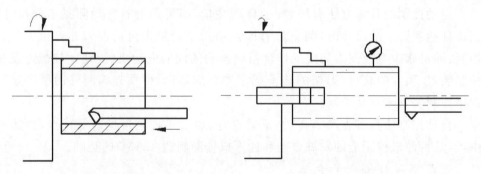

图 1-7 直接安装法　　　　　　　　图 1-8 找正安装法

② 找正安装法:将找正是用工具和仪表根据工件上有关基准,找出工件在划线、加工(或装配)时的正确位置的过程。例如,在车床上用四爪卡盘和百分表找正后,将工件夹紧,可加工出与外圆同轴度很高的孔。如图 1-8 所示为找正安装法。

找正安装法可分为划线找正安装和直接找正安装两种。划线找正安装是用划针根据毛坯或半成品上所划的线找正它在机床上的正确位置的一种安装方法。如图 1-9(a)所示为车床床身毛坯,为保证床身各加工面和非加工面的位置尺寸及各加工面的余量,可先在钳工台上划好线,然后在龙门刨床工作台上用可调支承支起床身毛坯,用划针按线找正并夹紧,再对床身底平面进行粗刨。直接找正安装是用划针和百分表或通过目测直接在机床上找正工件位置的装夹方法。如图 1-9(b)所示是用四爪单动卡盘装夹套筒,先用百分表按工件外圆 A 进行找正后,再夹紧工件进行外圆 B 的车削,以保证套筒的 A、B 圆柱面的同轴度。

模块一 数控机床加工概述

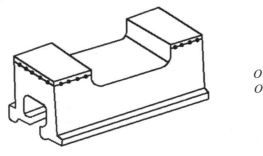
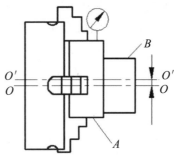

(a) 划线找正安装   (b) 直接找正安装

图 1-9 找正安装法

③夹具安装法：通过夹具来保证加工表面与定位基准面之间的位置精度，即用夹具上的定位元件使工件获得正确位置的一种方法。这种方法定位迅速、方便，定位精度高、稳定性好。但专用夹具的制作周期长、费用高，故广泛用于成批、大量生产中。

1.3.2 加工余量

1. 加工余量的概念

加工余量是指加工过程中所切去的金属层厚度。余量有总加工余量和工序余量之分。在毛坯转变为零件的过程中，某加工表面上切除金属层的总厚度，称为该表面的总加工余量（亦称毛坯余量）。一般情况下，总加工余量并非一次切除，而是分在各工序中逐渐切除，故每道工序所切除的金属层厚度称为该工序加工余量（简称工序余量）。如图1-10所示是工序余量与工序尺寸的关系。

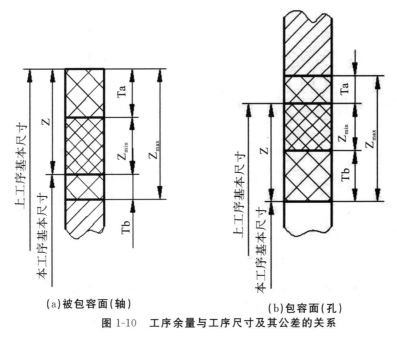

(a) 被包容面（轴）   (b) 包容面（孔）

图 1-10 工序余量与工序尺寸及其公差的关系

2. 影响加工余量的因素

(1) 影响最小加工余量的因素：前工序形成的表面粗糙度和缺陷层深度（Ra 和 Da）设

计制造、能源供应、设备维修等；前工序形成的形状误差和位置误差（Δx 和 Δw）。以上影响因素中的误差及缺陷，有时会重叠在一起。如图 1-11 所示，图中的 Δx 为平面度误差，Δw 为平行度误差，但为了保证加工质量，可对各项进行简单叠加，以便彻底切除。

（2）上述各项误差和缺陷都是前工序形成的，为能将其全部切除，还要考虑本工序的装夹误差 εb 的影响。如图 1-12 所示。

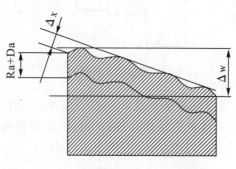

图 1-11　影响最小加工余量的因素

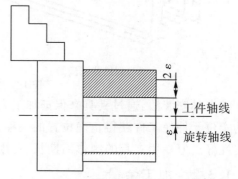

图 1-12　装夹误差对加工余量的影响

3. 确定加工余量的方法

（1）查表修正法　根据生产实践和试验研究，已将毛坯余量和各种工序的工序余量数据录成手册，可根据手册查找加工余量的数值。

（2）经验估计法　此方法是根据实践经验确定加工余量。

（3）分析计算法　根据加工余量计算公式和一定的试验资料，通过计算确定加工余量。

在确定加工余量时，总加工余量和工序加工余量要分别确定。总加工余量的大小与选择的毛坯制造精度有关。用查表法确定工序加工余量时，粗加工工序的加工余量不应查表确定，而是用总加工余量减去各工序余量求得。同时要对求得的粗加工工序余量进行分析。如果粗加工工序余量过小，要增加总加工余量；如果数值过大，应适当减少总加工余量，以免造成浪费。

1.3.3　加工精度

1. 加工精度的概念

加工精度是加工后零件表面的实际尺寸、形状、位置等三种几何参数与图纸要求的理想几何参数的符合程度。理想的几何参数，对尺寸而言，就是平均尺寸；对表面几何形状而言，就是绝对的圆、圆柱、平面、锥面和直线等；对表面之间的相互位置而言，就是绝对的平行、垂直、同轴、对称等。

零件的实际几何参数与理想参数的偏离数值称为加工误差。

机械加工精度是指零件加工后的实际几何参数（尺寸、形状和位置）与理想几何参数相符合的程度。它们之间的差异称为加工误差。加工误差的大小反映了加工精度的高低。误差越大加工精度越低，误差越小加工精度越高。

加工精度包括 3 个方面内容：

（1）尺寸精度　指加工后零件的实际尺寸与零件尺寸的公差带中心的相符合程度。

（2）形状精度　指加工后零件表面的实际几何形状与理想的几何形状的相符合程度。

(3)位置精度 指加工后零件有关表面之间的实际位置与理想位置的相符合程度。

2. 原始误差

(1)与工艺系统本身初始状态有关的原始误差。

①原理误差:即加工方法原理上存在的误差。

②工艺系统几何误差:一是工件与刀具的相对位置在静态下已存在的误差,如刀具和夹具制造误差、调整误差以及安装误差;二是工件和刀具的相对位置在运动状态下存在的误差,如机床的主轴回转运动误差、导轨的导向误差、传动链的传动误差等。

(2)与切削过程有关的原始误差。

①工艺系统力效应引起的变形造成的误差:如工艺系统受力变形、工件内应力的产生和消失而引起的变形等。

②工艺系统热效应引起的变形造成的误差:如机床、刀具、工件的热变形等。

3. 影响加工精度的因素及相应措施

产生加工误差的主要因素有:

(1)工艺系统的几何误差。

①加工原理误差:加工原理误差是由于采用了近似的加工运动方式或者近似的刀具轮廓而产生的误差。

②机床的几何误差。

③刀具的制造误差及磨损。

④夹具误差:夹具误差包括定位误差、夹紧误差、夹具安装误差及对刀误差等。这些误差主要与夹具的制造和装配精度有关。定位误差产生的原因是工件的制造误差和定位元件的制造误差,两者的配合间隙及工序基准与定位基准不重合等。

⑤基准不重合误差:当定位基准与工序基准不重合时而造成的加工误差,其大小等于定位基准与工序基准之间尺寸的公差,用 ΔB 表示。

⑥基准位移误差:工件在夹具中定位时,由于工件定位基面与夹具上定位元件限位基面的制造公差和最小配合间隙的影响,导致定位基准与限位基准不能重合,从而使各个工件的位置不一致,给加工尺寸造成误差,这个误差称为基准位移误差,用 ΔY 表示。基准位移误差的大小应等于因定位基准与限位基准不重合而造成工序尺寸的最大变动量。

(2)工艺系统的受力变形 由机床、夹具、工件、刀具所组成的工艺系统是一个弹性系统。在加工过程中由于切削力、传动力、惯性力、夹紧力以及重力的作用,会产生弹性变形,从而破坏了刀具与工件之间的准确位置,产生加工误差。

例如,车削细长轴时,如图 1-13 所示,在切削力的作用下,工件因弹性变形而出现"让刀"现象。随着刀具的进给,切削深度在工件的全长上将会由多变少,然后再由少变多,结果使零件产生腰鼓形。

①工艺系统受力变形对加工精度的影响主要有:切削过程中受力点位置变化引起的加工误差;毛坯加工余量不均,材料硬度变化导致切削力大小变化引起的加工误差——误差复映。

②减小工艺系统受力变形的措施主要有:提高工件加工时的刚度;提高工件安装时

的夹紧刚度;提高机床部件的刚度。

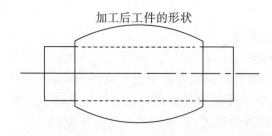
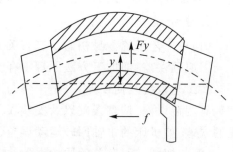

图1-13　细长轴车削时受力变形

(3)工艺系统的热变形　在加工过程中,工艺系统的热源主要有内部热源和外部热源两大类。减少工艺系统热变形的措施主要有:减少工艺系统的热源及其发热量;加强冷却,提高散热能力;控制温度变化,均衡温度;采取补偿措施;改善机床结构,减小其热变形。改善机床结构时首先应考虑结构的对称性。一方面,传动元件(轴承、齿轮等)在箱体内安装时应尽量对称,使其传给箱壁的热量均衡,变形相近;另一方面,有些零件(如箱体)应尽量采用热对称结构,以便受热均匀。其次还应注意合理选材,对精度要求高的零件尽量选用膨胀系数小的材料。

(4)调整误差　零件加工的每一个工序中,为了获得被加工表面的形状、尺寸和位置精度,要对机床、夹具和刀具进行调整。任何调整工作必然会带来一些原始误差,这种原始误差即调整误差。调整误差与调整方法有关。调整方法主要有:试切法调整;用定程机构调整;用样件或样板调整。

(5)工件残余应力引起的误差　残余应力是指当外部载荷去掉以后仍存留在工件内部的应力。残余应力是由于金属发生了不均匀的体积变化而产生的。其外界因素来自热加工和冷加工。内应力产生的原因主要有:毛坯制造中产生的内应力;冷校正产生的内应力;切削加工产生的内应力。减小或消除内应力的措施有:采用适当的热处理工序;给工件足够的变形时间;确保零件结构合理,结构简单,壁厚均匀。

(6)数控机床产生误差的独特性　数控机床与普通机床的最主要差别有两点:一是数控机床具有"指挥系统"——数控系统;二是数控机床具有执行运动的驱动系统——伺服系统。误差源对加工精度的影响及抑制的途径主要有以下几个方面:

①机床重复定位精度的影响:数控机床的定位精度是指数控机床各坐标轴在数控系统的控制下运动的位置精度,引起定位误差的因素包括数控系统的误差和机械传动的误差。

②检测装置的影响。

③刀具误差的影响。

(7)提高加工精度的工艺措施　保证和提高加工精度的方法大致可概括为以下几种:

①减少原始误差。

②补偿原始误差:误差补偿法是人为地造出一种新的误差,去抵消原来工艺系统中的原始误差。

③ 转移原始误差：误差转移法实质上是转移工艺系统的几何误差、受力变形和热变形等。

④ 均分原始误差：这种原始误差的变化，对本工序的影响主要有两种情况：误差复映和定位误差扩大。

⑤ 均化原始误差。

⑥ 就地加工法。

1.3.4 表面质量

1. 机械加工表面质量含义

(1) 表面的几何特性　表面粗糙度是指加工表面的微观几何形状误差。表面波度是介于宏观几何形状误差($L1/H1>1000$)与微观表面粗糙度($L3/H3<50$)之间的周期性几何形状误差。表面纹理方向是指表面刀纹的方向，取决于该表面所采用的机械加工方法及其主运动和进给运动的关系。伤痕是指在加工表面的一些个别位置上出现的缺陷。

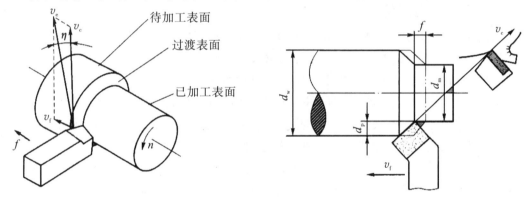

图 1-14　数控车床加工示意图

(2) 表面层物理、化学和力学性能　一是表面层加工硬化（冷作硬化）；二是表面层金相组织变化及由此引起的表层金属强度、硬度、塑性及耐腐蚀性的变化；三是表面层产生残余应力或造成原有残余应力的变化。

2. 加工表面质量对零件使用性能的影响

(1) 表面质量对零件耐磨性的影响　零件的耐磨性主要与摩擦副的材料和润滑条件有关，但在这些条件已定的前提下，表面质量就起着决定性作用。零件的磨损可分为三个阶段：第Ⅰ阶段称初期磨损阶段；第Ⅱ阶段称正常磨损阶段；第Ⅲ阶段称急剧磨损阶段。

(2) 表面质量对零件疲劳强度的影响　零件在交变载荷的作用下，其表面微观不平的凹谷处和表面层的缺陷处容易引起应力集中而产生疲劳裂纹，造成零件的疲劳破坏。加工硬化对零件的疲劳强度影响也很大。表面层的残余应力对零件疲劳强度有很大影响。当表面层为残余压应力时，能延缓疲劳裂纹的扩展，提高零件的疲劳强度；当表面层为残余拉应力时，容易使零件表面产生裂纹而降低其疲劳强度。

(3) 表面质量对零件耐腐蚀性的影响　表面粗糙度越大，零件的耐腐蚀性越差。

(4)表面质量对配合性质及零件其他性能的影响　对于配合零件,无论哪种配合,如果表面加工得太粗糙,则必然影响其配合。表面残余应力虽然在零件内部是平衡的,但由于金属材料的蠕变作用,残余应力在经过一段时间后便会自行减弱以至消失,同时零件也随之变形,引起零件尺寸和形状误差。对一些高精度零件,如果表面层有较大的残余应力,就会影响它们精度的稳定性。

3. 加工表面粗糙度及其影响因素

(1)几何因素　从几何的角度考虑,刀具的形状和几何角度,特别是刀尖圆弧半径、主偏角、副偏角和切削用量中的进给量等对表面粗糙度有较大的影响。

(2)物理因素　从切削过程的物理实质考虑,刀具的刃口圆角及后面的挤压与摩擦使金属材料发生塑性变形,严重恶化了表面粗糙度。

(3)工艺因素　从工艺的角度考虑对工件表面粗糙度的影响,主要有与切削刀具有关的因素、与工件材质有关的因素和与加工条件有关的因素等。

1.3.5　切削用量的选择

切削用量是切削加工过程中切削速度、进给量和背吃刀量的总称。切削用量的选择,对加工效率、加工成本和加工质量都有重大的影响。

合理的切削用量是指充分利用机床和刀具的性能,并在保证加工质量的前提下,获得高生产率与低加工成本的切削用量。对于切削用量的选择有一个总的原则:首先选择尽量大的背吃刀量;其次选择最大的进给量;最后是切削速度。当然,切削用量的选择还要考虑各种因素,最后才能得出一种比较合理的最终方案。

自动换刀数控机床主轴和装刀所费时间较多,所以选择切削用量要保证刀具加工完一种零件,或保证刀具耐用度不低于一个工作班,最少不低于半个工作班。

以下对切削用量三要素选择方法分别进行介绍。

1. 背吃刀量的选择

背吃刀量的选择根据加工余量确定。切削加工一般分为粗加工、半精加工和精加工几道工序,各工序有不同的选择方法。

粗加工时(表面粗糙度 Ra 50～12.5 μm),在允许的条件下,尽量一次切除该工序的全部余量。中等功率机床,背吃刀量可达 8～10 mm。但对于加工余量大,一次走刀会造成机床功率或刀具强度不够,或加工余量不均匀,引起振动,或刀具受冲击严重出现打刀这几种情况,需要采用多次走刀。如分两次走刀,则第一次背吃刀量尽量取大,一般为加工余量的 2/3～3/4;第二次背吃刀量尽量取小些,第二次背吃刀量可取加工余量的 1/3～1/4。

半精加工时(表面粗糙度 Ra 6.3～3.2 μm),背吃刀量一般为 0.5～2 mm。精加工时(表面粗糙度 Ra 1.6～0.8 μm),背吃刀量为 0.1～0.4 mm。

2. 进给量的选择

粗加工时,进给量主要考虑工艺系统所能承受的最大进给量,如机床进给机构的强度,刀具的强度与刚度,工件的装夹刚度等。

精加工和半精加工时,最大进给量主要考虑加工精度和表面粗糙度。另外还要考虑工件材料、刀尖圆弧半径、切削速度等。如当刀尖圆弧半径增大、切削速度提高时,可以选择较大的进给量。

在生产实际中,进给量常根据经验选取。粗加工时,根据工件材料、车刀导杆直径、工件直径和背吃刀量按表 1-1 进行选取进给量。表中数据是经验所得,其中包含了导杆的强度、刚度和工件的刚度等工艺系统因素。从表可以看到,在背吃刀量一定时,进给量随着导杆尺寸和工件尺寸的增大而增大。加工铸铁时,切削力比加工钢件时小,所以铸铁可以选取较大的进给量。精加工与半精加工时,可根据加工表面粗糙度要求按表选取,同时考虑切削速度和刀尖圆弧半径因素如表 1-2 所示。有必要的话,还要对所选进给量参数进行强度校核,最后要根据机床说明书确定。

在数控加工中,最大进给量受机床刚度和进给系统的性能限制。选择进给量时,还应注意零件加工中的某些特殊因素。比如在轮廓加工中选择进给量时,应考虑轮廓拐角处的"超程"问题。特别是在拐角较大、进给速度较高时,应在接近拐角处适当降低进给速度,在拐角后逐渐升速,以保证加工精度。

加工过程中,由于切削力的作用,机床、工件、刀具系统产生变形,可能使刀具运动滞后,从而在拐角处可能产生"欠程"。因此,拐角处的欠程问题,在编程时应给予足够的重视。

3. 切削速度的选择

确定了背吃刀量 a_p、进给量 f 和刀具耐用度 T,则可以按下面公式计算或由表确定速度 v_c 和机床转速 n。

$$v_c = C/T^m$$

式中　v_c—切削速度;

　　　T—刀具耐用度(min);

　　　C—系数,其数值与工件材料、刀具材料、切削用量等有关;

　　　m—指数,表示 v_c 对 T 的影响程度,其数值如表 1-3 所示。

　　　m 值愈小,说明 v_c 对 T 的影响愈大。

半精加工和精加工时,切削速度 v_c 主要受刀具耐用度和已加工表面质量限制,在选取切削速度 v_c 时,要尽可能避开积屑瘤的速度范围。

切削速度的选取原则是:粗车时,因背吃刀量和进给量都较大,应选较低的切削速度,精加工时选择较高的切削速度;加工材料强度硬度较高时,选较低的切削速度,反之取较高切削速度;刀具材料的切削性能越好,切削速度越高。

表 1-1 硬质合金车刀粗车外圆及端面的进给量参考值

工件材料	车刀刀杆尺寸（mm）	工件直径（mm）	背吃刀量				
			≤3	>3～5	>5～8	>8～12	>12
			进给量 f(mm/r)				
碳素结构钢、合金结构钢耐热钢	16×25	20	0.3～0.4	—			
		40	0.4～0.5	0.3～0.4	—		
		60	0.5～0.7	0.4～0.5	0.3～0.5	—	
		100	0.6～0.9	0.5～0.7	0.5～0.6	0.4～0.5	
		400	0.8～1.2	0.7～1.0	0.6～0.8	0.5～0.6	
	20×30	20	0.3～0.4	—			
		40	0.4～0.5	0.3～0.4	—		
		60	0.6～0.7	0.5～0.7	0.4～0.6		
	25×25	100	0.8～1.0	0.7～0.9	0.5～0.7	0.4～0.7	
		400	1.2～1.4	1.0～1.2	0.8～1.0	0.6～0.9	0.4～0.6
铸铁及合金钢	16×25	40	0.4～0.5	—			
		60	0.6～0.8	0.5～0.8	0.4～0.6		
		100	0.8～1.2	0.7～1.0	0.6～0.8	0.5～0.7	
		400	1.0～1.4	1.0～1.2	0.8～1.0	0.6～0.8	
	20×30	40	0.4～0.5	—			
		60	0.6～0.9	0.5～0.8	0.4～0.7		
	25×25	100	0.9～1.3	0.8～1.2	0.7～1.0	0.5～0.78	—
		400	1.1～1.8	1.2～1.6	1.0～1.3	0.9～1.0	0.7～0.9

表 1-2 按表面粗糙度选择进给量的参考值

工件材料	表面粗糙度	切削速度范围	刀尖圆弧半径		
			0.5	1.0	2.0
			进给量 f(mm/r)		
铸铁、青铜、铝合金	Ra 10～5	不限	0.25～0.40	0.40～0.50	0.50～0.60
	Ra 5～2.5		0.15～0.25	0.25～0.40	0.40～0.60
	Ra 2.5～1.25		0.10～0.15	0.15～0.20	0.20～0.35
碳钢及合金钢	Ra 10～5	<50	0.30～0.50	0.45～0.60	0.55～0.70
		>50	0.40～0.55	0.55～0.65	0.65～0.70
	Ra 5～2.5	<50	0.18～0.25	0.25～0.30	0.30～0.40
		>50	0.25～0.30	0.30～0.35	0.35～0.50
	Ra 2.5～1.25	<50	0.11	0.11～0.15	0.15～0.22
		50～100	0.11～0.16	0.16～0.25	0.25～0.35
		>100	0.16～0.20	0.20～0.25	0.25～0.35

表 1-3 刀具耐用度指数 m

刀具材料	高速钢刀具	硬质合金刀具	陶瓷刀具
m	0.1～0.125	0.2～0.3	0.4

实训任务　汽车典型零件图形分析

任务一　典型轴类零件图形分析（一）（见附录1）

1. 选择确定数控车削加工的内容

圆柱面、圆锥面、圆弧面、外轮廓槽、螺纹、倒直角。

2. 分析工件图形的尺寸精度及技术要求

(1) 圆柱面尺寸精度（单位 mm）：

直径 $\phi 25_{-0.025}^{0}$ 长 $55_{-0.02}^{0}$、直径 $\phi 26_{0}^{0.03}$ 长 25 ± 0.02。

(2) 圆锥面尺寸精度（单位 mm）：

两个小径 $\phi 40$，锥度 $40°\pm2'$。

(3) 圆弧面尺寸精度（单位 mm）：

$S\phi 48\pm0.02$、$\phi 31\pm0.03$、$\phi 42_{-0.03}^{0}$、$\phi 35$、$R8$、$R10\pm0.2$。

(4) 外轮廓槽尺寸精度（单位 mm）：

直径 $\phi 32_{-0.025}^{0}$、宽 $8_{0}^{+0.05}$、直径 $\phi 35_{-0.03}^{0}$、宽 8。

(5) 螺纹尺寸精度（单位 mm）：

$M30\times2-6g-20$。

(6) 倒角：$C2$。

3. 分析工件图形的形位精度及技术要求

$S\phi 48$mm 球面与基准 A 工件轴线的同轴度要求为 $\phi 0.02$mm。

4. 分析工件图形的表面质量及技术要求

外圆柱面 $\phi 25_{-0.025}^{0}$mm，表面粗糙度 Ra1.6；内圆柱面 $\phi 26_{0}^{0.03}$mm，表面粗糙度 Ra1.6；小径 $\phi 40$mm，锥度 $40°\pm2'$ 的圆锥面，表面粗糙度 Ra1.6；直径 $\phi 32_{-0.025}^{0}$mm、槽宽 $8_{0}^{+0.05}$mm 的槽，表面粗糙度 Ra1.6；其余均为 Ra3.2。

5. 分析工件材料及技术要求

材料 45# 钢，技术要求：未注倒角均为 C1。

典型轴类零件图形分析（二）（见附录2）

1. 选择确定数控车削加工的内容

内外圆柱面、圆锥面、圆弧面、外轮廓槽、螺纹、倒直角、倒圆角、椭圆面。

2. 分析工件图形的尺寸精度及技术要求

(1) 内外圆柱面尺寸精度（单位 mm）：

直径 $\phi 42_{0}^{+0.06}$ 长 8、直径 $\phi 55_{-0.02}^{0}$ 长 25、直径 $\phi 30_{0}^{+0.02}$ 长 20、直径 $\phi 25$ 长 35、直径 $\phi 72_{0}^{+0.04}$ 长 25、直径 $\phi 60_{0}^{+0.04}$ 长 20、直径 $\phi 40_{0}^{+0.04}$ 长 7。

(2) 圆锥面尺寸精度（单位 mm）：

大径 $\phi 72_{0}^{+0.04}$，小径 $\phi 55_{-0.02}^{0}$，长 15。

(3)圆弧面尺寸精度(单位 mm):R20。

(4)外轮廓槽尺寸精度(单位 mm):3×2。

(5)螺纹尺寸精度(单位 mm):

M30×1.5—6g,螺纹长 20mm。

(6)椭圆尺寸精度(单位 mm):

长半轴 10,短半轴 5。

(7)倒角:C1,R2。

3. 分析工件图形的表面质量及技术要求

(1)外圆柱面 $\phi 42_0^{+0.06}$ mm 要求表面粗糙度 Ra1.6。

(2)圆锥面要求表面粗糙度 Ra1.6。

(3)外圆柱面 $\phi 72_0^{+0.04}$ mm 要求表面粗糙度 Ra1.6。

(4)外圆柱面 $\phi 60_0^{+0.04}$ mm 要求表面粗糙度 Ra1.6。

(5)外圆柱面 $\phi 40_0^{+0.04}$ mm 要求表面粗糙度 Ra1.6。

(6)3mm×2mm 槽要求表面粗糙度 Ra3.2。

(7)内圆柱面 $\phi 30_0^{+0.02}$ mm 要求表面粗糙度 Ra1.6。

(8)R20mm 圆弧面要求表面粗糙度 Ra1.6。

4. 分析毛坯

材料 45#钢,毛坯尺寸 $\phi 75$mm×155mm。

任务二　典型套类零件图形分析(见附录3)

1. 选择确定数控车削加工的内容

外圆柱面、内圆柱面、外圆弧面、内螺纹、倒圆角。

2. 分析工件图形的尺寸精度及技术要求(单位 mm)

(1)内外圆柱面尺寸精度

直径 $\phi 72_{-0.03}^{0}$ 长 25、直径 $\phi 72_{-0.03}^{0}$ 长 7、直径 $\phi 60_0^{+0.07}$ 长 5、直径 $\phi 40_0^{+0.02}$ 长 25、直径 $\phi 32_0^{+0.02}$ 长 5。

(2)圆弧面尺寸精度:R15。

(3)内螺纹尺寸精度:M30×1.5—6H,螺纹长 20mm。

(4)倒圆角:R2。

3. 分析工件图形的表面质量及技术要求

(1)外圆柱面 $\phi 72_{-0.03}^{0}$ mm 要求表面粗糙度 Ra1.6。

(2)内圆柱面 $\phi 60_0^{+0.07}$ mm 要求表面粗糙度 Ra1.6。

(3)内圆柱面 $\phi 40_0^{+0.02}$ mm 要求表面粗糙度 Ra1.6。

(4)R15mm 圆弧面要求表面粗糙度 Ra1.6。

(5)其余均为 Ra6.4。

4. 分析工件材料及技术要求

材料 45#钢。

任务三　汽车前减振器下销零件图形分析(见附录4)

1. 选择确定数控车削加工的内容

圆柱面、螺纹、倒直角、平面。

2. 分析工件图形的尺寸精度及技术要求(单位 mm)

(1)圆柱面尺寸精度

直径 φ26h8 长 53，直径 φ25h8 长 70，直径 φ36 长 20，直径 φ18 长 20，直径 φ18 长 30。

(2)螺纹尺寸精度：左右两端螺纹 M18×1.5 长度 20。

(3)倒角：C1.5

(4)长度尺寸精度：平面至中心孔轴线距离 $14_{-0.1}^{0}$。

3. 分析工件图形的表面质量及技术要求

(1)外圆柱面 $\phi 25_{-0.025}^{0}$ mm 要求表面粗糙度 Ra1.6。

(2)内圆柱面 $\phi 26_{0}^{0.03}$ mm 要求表面粗糙度 Ra1.6。

(3)槽 $\phi 32_{-0.025}^{0}$ mm、槽宽 $8_{0}^{+0.05}$ mm 的表面粗糙度 Ra1.6。

(4)圆锥面小径 φ40mm，锥度 40°±2′的表面粗糙度 Ra1.6。

(5)其余均为 Ra3.2。

4. 分析工件材料及技术要求

材料 45# 钢。技术要求：去毛刺，调质处理 HRC28－32，表面镀锌 EP.ZN12，QC/T625。

任务四　汽车转向节零件图形分析(见附录5)

1. 选择确定数控车削加工的内容

外圆柱面、圆锥面、圆弧面、螺纹、倒直角、平面、内孔。

2. 分析工件图形的尺寸精度及技术要求(单位 mm)

(1)主销孔直径尺寸精度 $\phi 40_{+0.051}^{+0.087}$。

(2)柄部轴颈直径尺寸精度 $\phi 40_{-0.025}^{-0.009}$、$\phi 55_{-0.009}^{+0.01}$、$\phi 56_{+0.043}^{+0.062}$。

(3)主轴孔倾角 8°30′±15′；锥孔 1∶10；圆弧 R7。

(4)螺纹尺寸精度 M36×1.5－6g，M10×1，M8－7H，M12×1.25－6H。

(5)法兰面六孔直径尺寸精度 $\phi 14.3_{0}^{+0.027}$、$\phi 14.3_{-0.1}^{+0.2}$。

(6)平面尺寸精度 R26；两端面长度尺寸：$213_{0}^{+0.3}$；主轴开档尺寸精度 108±0.11。

3. 分析工件图形的形位精度及技术要求(单位 mm)

(1)两主销孔相对于基准 X－Y 的同轴度要求为 φ0.04；

(2)内侧端面相对于基准 X 的垂直度要求为 0.05；

(3)轴颈相对于基准 Z 的同轴度要求为 φ0.02。

4. 分析工件图形的表面质量及技术要求

(1)两端面要求表面粗糙度 Ra1.6。

(2)主轴孔要求表面粗糙度 Ra1.6。

(3)轴颈要求表面粗糙度 Ra1.6。

(4)其余均为 Ra12.5。

5.分析工件材料及技术要求

材料 45#钢。

模块练习题

一、选择题

1.微观不平度十点高度的代号为(　　)。

　　A.Ra　　　　　　B.Rz　　　　　　C.Ry　　　　　　D.Rc

2.(　　)是指工件加工表面所具有的较小间距和微小峰谷的微观几何形状不平度。

　　A.波度　　　　　B.表面粗糙度　　　C.表面光洁度　　　D.公差等级

3.关于表面粗糙度对零件使用性能的影响,下列说法中错误的是(　　)。

　　A.零件表面越粗糙,则表面上凹痕就越深

　　B.零件表面越粗糙,则产生应力集中现象就越严重

　　C.零件表面越粗糙,在交变载荷的作用下,其疲劳强度会提高

　　D.零件表面越粗糙,越有可能因应力集中而产生疲劳断裂

4.退刀槽和越程槽的尺寸标注可标注成(　　)。

　　A.槽深×直径　　B.槽深×槽宽　　　C.直径×槽深　　　D.槽宽×槽深

5.车床的精度主要是指车床的(　　)和工作精度。

　　A.尺寸精度　　　B.形状精度　　　　C.几何精度　　　　D.位置精度

6.车床的工作精度是通过(　　)精度来评定的。

　　A.加工出来的试件　B.机床几何　　　C.机床相互位置　　D.机床相对运动

7.产生加工误差的因素有(　　)。

　　A.工艺系统的几何误差　　　　　　B.工艺系统的受力、热变形所引起的误差

　　C.工件内应力所引起的误差　　　　D.以上三者都是

8.车削时,走刀次数决定于(　　)。

　　A.切削深度　　　B.进给量　　　　　C.进给速度　　　　D.主轴转速

9.为了保持恒切削速度,在由外向内车削端面时,如进给速度不变,主轴转速应该(　　)。

　　A.不变　　　　　　　　　　　　　B.由快变慢

　　C.由慢变快　　　　　　　　　　　D.先由慢变快再由快变慢

10.工艺系统内的(　　)刚度是影响系统工作的决定性因素。

　　A.接触　　　　　B.内部和外部　　　C.计算和分离　　　D.系统和条件

11.工艺系统刚度定义为被加工表面法线上作用的切削分力与该方向刀具、工件的相对(　　)的比值。

A. 距离   B. 角速度   C. 质量和体积   D. 位移

12. 下面哪种误差是工艺系统的误差（　　）。

    A. 调整误差   B. 刀具和夹具制造误差

    C. 机床几何误差   D. A,B,C 都是

13. 提高机床传动链传动精度的措施有（　　）。

    A. 今可能增加传动元件，延长传动链

    B. 提高各传动元件的制造、安装精度，特别是末端元件

    C. 尽可能使用越靠近末端的传动副，速度应越大，即采用升速传动

    D. 以上三者都是

二、判断题

1. 工艺系统刚性差，容易引起振动，应适当增大后角。（　　）
2. 在相同力的作用下，具有较高刚度的工艺系统产生的变形较大。（　　）
3. 工艺系统的刚度不影响切削力变形误差的大小。（　　）
4. 在加工过程中，因高速旋转的不平衡的工件所产生的惯性力不会使机床工艺系统产生动态误差。（　　）
5. 数控车床加工零件的尺寸精度可达 IT5～IT6，表面粗糙度 Ra 可达 1.6μm。（　　）
6. 进行几何精度检测时，所用检测工具、仪器精度必须比所测的几何精度高一个等。（　　）
7. 在零件毛坯加工余量非常均匀的情况下进行加工，会引起切削力大小的变化，因而产生误差。（　　）
8. 被切削加工试件的材料，一般采用 HT200，使用硬质合金刀具按标准切削用量进行切削。（　　）

三、简答题

1. 数控技术有什么特点？其发展趋势是什么？
2. 数控机床的概念是什么？
3. 简述数控加工工艺系统的基本组成。
4. 获得较好的尺寸、形状、位置精度和表面质量的方法有哪些？如何应用？
5. 何为加工余量？加工余量的分配原则是什么？
6. 常见的加工误差有哪些？请分析如何消除这些误差？
7. 简述机械加工表面质量的含义及对零件使用性能的影响。

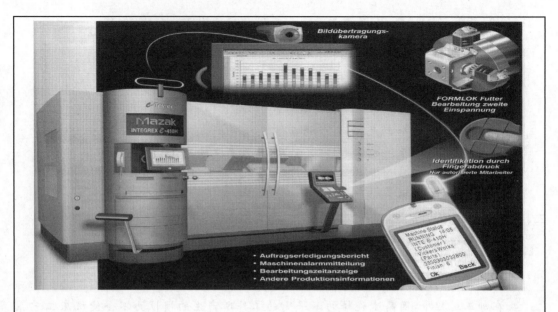

模块二

数控车削加工工艺分析

知识目标

1. 了解数控加工工艺的基本特点、主要内容及机床的合理选用。
3. 了解数控加工零件的工艺方便性分析。
4. 掌握加工方法的选择、加工方案的确定及工序与工步的划分。
5. 掌握对刀点和换刀点的确定。
6. 掌握数控车削加工工艺路线的确定。
7. 了解零件图形的数学处理和编程尺寸的计算。
8. 掌握数控车削零件工艺分析举例,并填写数控加工工序卡。

技能目标

1. 正确分析典型轴类零件的加工工艺。
2. 正确分析典型套类零件的加工工艺。
3. 正确分析汽车前减振器下销零件的加工工艺。
4. 正确分析汽车转向节零件的加工工艺。

2.1 数控加工工艺概述

不论是手工编程还是自动编程，在编程前都要对所加工的零件进行工艺分析，并拟定加工方案，选择合适的刀具，确定切削用量。在编程过程中，对一些工艺问题（如对刀点、加工路线等）也需做出处理。因此，程序编制中的工艺分析是一项十分重要的工作。

2.1.1 数控加工工艺的基本特点

在普通机床上加工零件时，用工艺规程来规定每道加工工序的操作顺序，操作者严格按工艺卡规定的操作顺序进行加工。而在数控机床上加工零件时，要把加工零件的全部工艺过程、工艺参数、刀具参数和切削用量及位移参数等编制成程序，并且以数字信息的形式存储在数控系统的存储器内，以此来控制机床进行加工。由此可见，数控机床加工工艺与普通机床加工工艺的原理基本相同，但由于数控加工的整个过程是自动进行的，所以又具有独自的特点。

（1）数控加工的工序内容比普通机床加工的工序内容复杂。由于数控机床比普通机床价格昂贵、加工功能强，所以在数控机床上一般安排较复杂的零件的加工工序，甚至是在普通机床上难以完成的加工工序。

（2）数控机床加工程序的编制比普通机床工艺规程的编制复杂。这是因为，在普通机床的加工工序中不必考虑的问题，例如工序中工步的安排、对刀点、换刀点以及走刀路线的确定等因素，在数控机床编程时必须考虑确定。

2.1.2 数控加工工艺的主要内容

数控加工工艺主要包括以下方面。

（1）选择在数控机床上进行加工的零件，并确定加工的工序内容。

（2）分析被加工零件的加工部位形状，明确加工内容与加工要求，在此基础上确定零件的加工方案，制定零件数控加工的工艺路线，如工序的划分、加工顺序的安排、与普通加工工序的衔接等。

（3）设计数控加工工序，如工步的划分、零件的定位和夹具的选择、刀具的选择、切削用量的确定等。

（4）数控加工中运行轨迹上各节点的计算。

（5）调整数控加工程序，如对刀点和换刀点的选择、加工路线的确定、刀具的补偿等。

（6）合理分配数控加工中的容差。

（7）处理数控机床上的部分工艺指令。

可见，数控加工工艺的内容较多，部分内容与普通机床的加工工艺相似。

2.1.3 机床的合理选用

在数控机床上加工零件时，一般有两种情况：第一，根据零件图和毛坯，选择加工该零件适合的数控机床；第二，已经有了数控机床，选择适合的在该机床上加工的零件。无论是哪种情况，需要考虑的因素主要有：毛坯的材料和类型、零件轮廓形状的复杂程度、零件尺寸的大小、加工精度、零件的数量和热处理要求等。概括起来有三点：保证加工零件的技术要求，加工出合格的零件；提高生产率；降低生产成本。

根据国内外数控技术生产实践，数控机床加工的适用范围可以用图2-1和图2-2来进行定位分析。

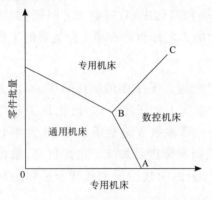

图2-1　零件复杂程度与生产批量关系图　　　图2-2　零件生产批量与总加工费用关系

图2-1表明，随着零件复杂程度和生产批量的改变，三种机床的适用加工范围也发生相应的变化。当被加工零件不太复杂、生产批量不大时，宜采用通用机床进行加工；当生产批量很大时，数控机床就显得更为适用。图2-2比较了不同零件生产批量情况下的三种机床综合费用。在多品种、小批量（100件以下）的生产情况下，使用数控机床可以获得较好的经济效益；随着零件批量的增大，选用数控机床并不总是最合理的。

综上分析，数控机床通常最适合加工的零件具有以下特点：

(1) 多品种、小批量生产的零件或新产品试制中的零件。
(2) 轮廓形状复杂或对加工精度要求较高的零件。
(3) 用普通机床加工时需用昂贵工艺装备（工具、夹具和模具）的零件。
(4) 需要多次改型的零件。
(5) 价值昂贵、加工中不允许报废的关键零件。
(6) 需要最短生产周期的急需零件。

2.2　数控加工工艺分析与工艺设计

程序编制人员在进行工艺分析时，应该具备机床说明书、编程手册、切削用量表、标准工具手册、夹具手册等资料，并根据被加工零件的材料、轮廓形状、加工精度等选用合适的数控机床。然后制定加工方案，并确定零件的加工顺序，以及各工序所用刀具、夹具和切削用量等，力求高效率地加工出合格的零件。

2.2.1　数控加工零件的工艺分析

数控加工工艺分析涉及面很广，在此主要从数控加工的可能性和方便性方面来分析。

1. 零件图上给出的尺寸数据应符合便于程序编制的原则

(1)零件图上尺寸标注方法应该适应数控加工编程的特点　在数控加工零件图上,应该以同一基准标注尺寸或直接给出坐标尺寸。这种标注方法既便于程序编制,也便于尺寸间的相互协调,并能够在保持零件设计基准、工艺基准、检测基准与编程原点设置的一致性方面带来方便。零件的设计人员一般在尺寸标注中较多地考虑装配等使用方面的特性要求,所以不得不采取局部分散的标注方法,如此一来就给工序安排和数控加工带来不便。由于数控加工精度和重复定位精度的要求很高,在加工中不会产生较大的积累误差,因此可以将局部的分散标注尺寸,改为同一基准的尺寸标注或坐标尺寸的标注方法。

(2)构成零件轮廓几何元素的条件要充分　在手工进行数控加工的程序编制时,要计算加工轨迹中每个节点的坐标;在自动进行数控加工程序的编制时,要对构成零件轮廓的所有几何元素进行定义。因此在分析零件图时,要分析几何元素的给定条件是否充分,例如圆弧与直线、圆弧与圆弧轨迹在图纸中是相切关系。但如果根据图纸中给定的尺寸进行几何计算时,可能会变成相交或离散断开状态。由于构成零件轮廓的几何元素的条件不充分,将使得编程时无法下手。遇到这种情况时,应与零件的设计者协商解决。

2. 零件各加工部位的结构工艺性应符合数控加工的特点

(1)零件的内腔和外形最好采用统一的几何类型和尺寸　零件的内腔和外形采用统一的几何类型和尺寸,可以减少使用刀具的规格和加工中换刀的次数,使得编程方便,生产效率提高。

(2)应该采用统一的定位基准　在数控加工中,如若没有统一的定位基准,在加工过程中就会因零件的重新安装而导致部分零件尺寸的整体错位,并由此造成被加工零件的报废。为避免上述问题的产生,应该保证两次或两次以上装夹加工后被加工零件相对位置的一致性,所以必须采用统一的定位基准。

零件上最好有合适的部位作为定位基准。如果没有合适的部位,可以设置某个部位作为定位基准。如果没有可以选择的部位作为定位基准,最低也要用经过精加工的表面作为统一基准,以便尽量减少两次装夹产生的误差。此外,还应分析零件有无引起矛盾的多余尺寸或影响工序安排的封闭尺寸等。

2.2.2　加工方法的选择与加工方案的确定

1. 加工方法的选择

加工方法的选择要同时保证加工精度和表面粗糙度的要求。由于获得同一级精度与表面粗糙度的加工方法有多种,因而在进行选择时,要结合零件的形状、尺寸的大小和热处理等具体要求来考虑。例如对于IT7级精度的孔,采用车削、镗削、铰削、磨削等加工方法时,均可达到精度要求。此外,还应考虑生产率和经济性的要求,以及现有生产设备等实际情况。常用加工方法的经济加工精度与表面粗糙度可查阅有关工艺手册。

2. 加工方案的确定

加工零件上精度要求较高的表面时,常常需经过粗加工、半精加工和精加工而逐步达到。对于这些表面,要根据质量要求、机床情况和毛坯条件来确定最终的加工方案。

确定加工方案时,应根据主要表面的精度和表面粗糙度的要求,确定为达到这些要求所需要的加工方法。此时要考虑数控机床使用的合理性和经济性,并充分发挥数控机床的功能。原则上数控机床仅进行较复杂零件重要基准的加工和零件的精加工。

2.2.3 工序与工步的划分

1. 工序的划分

在数控机床上加工零件,工序可以比较集中,在一次装夹中尽可能完成大部分或全部工序。首先应该根据零件图,考虑被加工零件是否可以在一台数控机床上完成整个加工,如若不能,则应决定其中哪些部分的加工在数控机床上进行,哪些部分的加工在其他机床上进行。一般工序的划分有以下几种方式。

(1)以零件的装夹定位方式划分工序 由于每个零件结构形状不同,各个表面的技术要求也不同,所以加工中其定位方式就各有差异。一般加工零件外形是以内形定位,加工零件内形则以外形定位。可根据定位方式的不同来划分工序。

(2)按粗、精加工划分工序 能够根据零件的加工精度、刚度和变形等因素来划分工序时,可按粗、精加工分开的原则来划分工序,即先进行粗加工,再进行精加工。此时可以使用不同的机床或不同的刀具进行加工。通常一次安装中,不允许将零件的某一部分表面加工完毕后再加工零件的其他表面。如图 2-3 所示的零件,应先切除整个零件的大部分余量,再将其能加工到的所有表面以连续运行的方式精车一遍,这样安排加工工序才能保证零件的加工精度和表面粗糙度的要求。

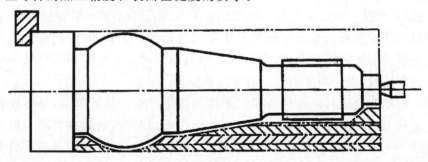

图 2-3 轴类零件

(3)按所用刀具划分工序 为了减少换刀次数,缩短空行程运行时间,减少不必要的定位误差,可以按照使用相同刀具集中加工工序的方法来进行零件的加工工序划分。尽可能使用同一把刀具加工出能加工到的所有部位,然后再更换另一把刀具加工零件的其他部位。在专用数控机床和加工中心中常常采用这种方法。

2. 工步的划分

工步的划分主要从加工精度和生产效率两方面来考虑。在一个工序内往往需要采用不同的切削刀具和切削用量对不同的表面进行加工。为了便于分析和描述复杂的零件,在工序内又细分为工步。工步划分的原则是:

(1)同一表面按粗加工、半精加工、精加工依次完成,或全部加工表面按先粗加工后精加工分开进行。

(2)对于既有铣削平面又有镗孔加工表面的零件,可按先铣削后镗孔进行加工。按此方法划分工步,可以提高孔的加工精度。因为铣削平面时切削力较大,零件易发生变形,先铣平面后镗孔,可以使其有一段时间恢复变形,并减少由此变形引起的对孔的精度的影响。

(3)按使用刀具来划分工步。某些机床工作台的回转时间比换刀时间短,可以采用按使用刀具划分工步,以减少换刀次数,提高加工效率。

总之,工序与工步的划分要根据零件的结构特点、技术要求等情况综合考虑。

2.2.4　对刀点和换刀点的确定

对于数控机床来说,在编程中正确地选择对刀点是很重要的。选择对刀点的原则是:选择的对刀点便于数学处理,并可简化程序编制;对刀点在机床上容易校准;加工过程中便于检查;引起的加工误差小。

对刀点可以设置在零件上,也可以设置在夹具上或机床上。为提高零件的加工精度,应尽可能设置在零件的设计基准或工艺基准上,或与零件的设计基准有一定的尺寸关系,例如图 2-4 中的 x_0 和 y_0。如此才能确定机床坐标系和工件坐标系的关系。

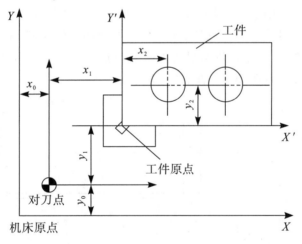

图 2-4　机床坐标系和工件坐标系

对于以孔定位的零件,可以选择孔的中心作为对刀点,刀具的位置以孔来找正,使"对刀点"与"刀位点"重合。所谓"刀位点",是指刀具的定位基准点。车刀的刀位点是刀尖或刀尖圆弧中心;立铣刀的刀位点是刀具轴线与刀具底面的交点;端铣刀的刀位点是刀具轴线与刀具底面的交点;球头铣刀的刀位点是球头的球心;镗刀的刀位点是刀尖;钻头的刀位点是钻尖。为了保证对刀精度,常常采用千分表、对刀测头或对刀瞄准仪进行找正对刀。对刀点既是程序的起点,也是程序的终点,因此在批量生产中要考虑对刀点的重复定位精度。重复定位精度可以用对刀点相距机床原点的坐标值 x_0 和 y_0 来校核。所谓机床原点,是指机床上一个固定不变的极限点。对车床而言,机床原点是指车床主轴回转中心与车床卡盘端面的交点;对铣床而言,机床原点一般设置在靠近铣床工作台外侧(或内侧)的左边或右边。

加工过程中如果需要进行换刀,应该在换刀点处进行。所谓换刀点,是指刀架转位换刀时的位置。换刀点在加工中心上是固定点,在数控铣床上是相对固定点,在数控车床上则为任意点,一般要根据加工工序的内容进行安排。为了防止换刀时刀具碰伤被加工零件,换刀点应该设置在被加工零件或夹具的外部。

2.3 数控车削进给路线的确定

2.3.1 工艺加工路线的确定

在数控加工中,工艺加工路线是指数控加工过程中刀位点相对于被加工零件的运动轨迹。编程时,确定工艺加工路线的原则是:保证零件的加工精度和表面粗糙度;方便数值计算,减少编程工作量;缩短加工运行路线,减少空运行行程。

在确定工艺加工路线时,还要考虑零件的加工余量和机床、刀具的刚度,要确定是一次走刀还是多次走刀来完成切削加工,并确定在数控铣削加工中是采用逆铣加工还是顺铣加工等。对于点位控制的数控机床,仅要求定位精度较高,定位过程尽可能加快,所以刀具相对于零件的运行路线是无关紧要的。因此此类机床应该按最短加工运行路线来安排,并且还要考虑加工时刀具的轴向运动尺寸(该尺寸大小由被加工零件的孔深决定)。

在数控机床上车削螺纹时,沿螺距方向即 Z 方向的进给位移,应该和车床主轴的旋转保持严格的速比关系,禁止在进给机构加速或减速过程中进行切削加工,因此在此处应该有引入距离 δ_1 和超越距离 δ_2,如图 2-5 所示。

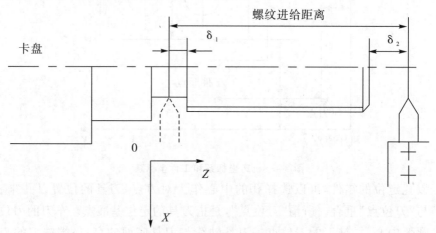

图 2-5 车削螺纹时的引入距离

δ_1 和 δ_2 的数值与螺距大小和螺纹尺寸大小有关。一般 δ_1 为 $2\sim5\text{mm}$,对于大螺距和高精度的螺纹取大值;δ_2 一般取值为 δ_1 的 $1/4$。

2.3.2 数控车削粗加工进给路线的确定

1. 常用的粗加工进给路线

(1)"矩形"循环进给路线 使用数控系统具有的矩形循环功能而安排的"矩形"循环

进给路线,如图 2-6a 所示。一般用于使用圆柱形棒料毛坯的数控车削加工。

(2)沿轮廓形状等距线循环进给路线 使用数控系统具有的封闭式符合循环功能控制车刀沿着工件的轮廓进行等距线循环的进给路线,如图 2-6b 所示。一般用于使用圆柱形棒料毛坯或成形的坯料(如锻件或铸件)的数控车削加工。

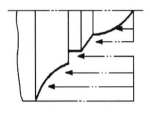
(a)矩形循环进给路线

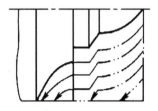
(b)沿轮廓形状等距线循环进给路线

图 2-6 常用的粗加工进给路线

(3)阶梯切削路线 如图 2-7 所示为粗加工车削大余量工件的两种加工路线。图 2-7a 所示的加工方式留取的加工余量多而且不均匀,所以是不合理的进给路线。图 2-7b 所示的加工方式按照序号 1～5 的加工顺序进行切削,每次切削留取的加工余量相等,所以是合理的进给路线。

(4)双向切削进给路线 利用数控车床加工的特点,还可以沿着零件毛坯轮廓进给加工路线使用横向和径向双向进刀,如图 2-8 所示。

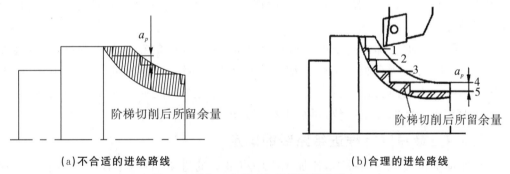

(a)不合适的进给路线   (b)合理的进给路线

图 2-7 粗加工余量毛坯阶梯切削路线

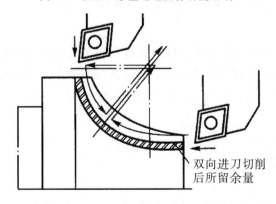

图 2-8 双向进给加工路线

2. 最短的粗加工进给路线

切削进给加工路线减短，可以有效地降低刀具的损耗，提高生产效率。图 2-6 列举了零件粗加工时因毛坯不同而选择的两种不同的切削进给加工路线。可以看出，这两种选择都是正确的。因此，在同等条件下，使得切削加工中所需时间最短、刀具的损耗最小，是粗加工进给路线的最佳选择原则。此加工方式的缺点是粗加工后的精加工余量不够均匀，一般还需要进行半精加工。

2.3.3 数控车削精加工进给路线的确定

1. 零件成形轮廓的进给路线

在安排进行一刀或多刀加工的精车进给路线时，零件的最终成形轮廓应该由最后一刀连续加工完成，并且要考虑到加工刀具的进刀、退刀位置，尽量不要在连续的轮廓轨迹中安排切入、切出以及换刀和停顿，以免造成工件的弹性变形、表面划伤等缺陷。

2. 加工中需要换刀的进给路线

主要根据工步顺序的要求来决定每把加工刀具的先后顺序以及加工刀具进给路线的衔接。

3. 刀具切入、切出以及接刀点的位置选择

加工刀具的切入、切出以及接刀点，应该尽量选取在有空刀槽或零件表面间有拐点和转角的位置处，曲线要求相切或者光滑连接的部位不能作为加工刀具切入、切出以及接刀点的位置。

如果零件各加工部位的精度要求相差不大，应以最高的精度要求为准，一次连续走刀加工完成零件的所有加工部位。如果零件各加工部位的精度要求相差很大，应把精度接近的各加工表面安排在同一把车刀的走刀路线内来完成加工部位的切削，并应先加工精度要求较低的加工部位，再加工精度要求较高的加工部位。

2.3.4 最短空行程进给路线的确定

在保证加工质量的前提下，让加工程序有最短的进给路线，不仅可以节省整个加工过程的运行时间，还可以减少机床进给机件的磨损。

1. 巧用起刀点

如图 2-9a 所示，采用矩形循环进给路线进行粗车的示例：设定对刀点 A 的出发点时应考虑到加工过程中能够方便地进行换刀，因此应该在离工件较远的地方设置对刀点 A。同时将对刀点和起刀点重合在一起，按照三刀粗车进行加工。其粗车的进给加工路线安排如下：

(1) $A \rightarrow B \rightarrow C \rightarrow D \rightarrow A$。

(2) $A \rightarrow E \rightarrow F \rightarrow A$。

(3) $A \rightarrow H \rightarrow I \rightarrow J \rightarrow A$。

如图 2-9b 所示，将循环起刀点与对刀点进行分离，并且将起刀点设定在 B 点。仍然按照相同的切削余量进行三刀粗车来安排加工，其粗车的进给加工路线安排如下：

(1)分离起刀点与对刀点的空运行 $A{\rightarrow}B$。
(2)$B{\rightarrow}C{\rightarrow}D{\rightarrow}E{\rightarrow}B$。
(3)$B{\rightarrow}F{\rightarrow}G{\rightarrow}H{\rightarrow}B$。
(4)$B{\rightarrow}J{\rightarrow}K{\rightarrow}A$。

显然,图 2-9b 所示的进给加工路线较短,所以其加工进给路线设计较佳。该方法也可以用于其他循环的车削切削加工中。

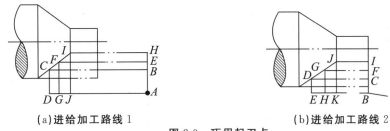

(a)进给加工路线 1　　　　　　　(b)进给加工路线 2

图 2-9　巧用起刀点

2. 巧设换刀点

为了车削加工中换刀方便,也可将换刀点设置在离毛坯件较远的位置处,如图 2-9 所示的 A 点。在加工中,当换第二把刀后,精车加工的空行程路线也必然增长;如果将第二把刀的换刀点也设置在图 2-9b 中的 B 点位置,则可以缩短加工中空行程的距离,但是在加工过程中一定不能让刀具与工件发生碰撞。

3. 合理安排"回零"路线

在手工编制较为复杂零件的轮廓的加工程序时,要想使其计算过程简化,不出错,又便于校核,可将每把刀加工完后的刀具终点,通过执行"回零"指令使其返回对刀点位置,待检测校核后,再执行后续加工程序。这样做可保证零件加工的精度,但这样处理会增加进给路线的距离,降低生产效率,所以只适用于单件和小批量加工。

4. 特殊的进给加工路线

在数控车削加工中,一般情况下,Z 轴坐标方向的加工进给是沿负方向进给的,如此安排进给路线有的时候并不合理,甚至还可能造成加工零件的报废。如图 2-10 所示零件的加工,当采用尖头车刀加工大圆弧内表面时,有两种不同的进给路线,其加工结果相差甚大。

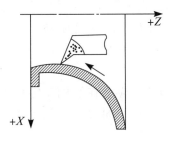 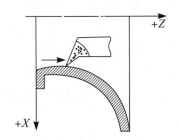

(a)Z 向为负方向进给　　　　　　　(b)Z 向为正方向进给

图 2-10　数控加工中两种不同的进给加工路线

当采用图 2-10a 所示的第一种进给路线时（Z 向为负方向进给），因为切削时尖头车刀的主偏角为 100°～105°，此时切削力在 X 向的切削分力 F_P 将沿着 X 向的正方向作用。当刀尖运行到圆弧轨迹的象限点时，进给运动方向则由负 Z 向、正 X 向变换为负 Z 向、负 X 向，此时切削分力 F_P 与原来相反，而与数控车床横向拖板的传动力方向相同。如果数控车床横向拖板的传动丝杠有传动间隙，就会使车刀的刀尖嵌入到零件表面，称为"嵌刀现象"，俗称为"扎刀"。

嵌入量理论上等同于数控车床 X 向传动丝杠的传动间隙，如图 2-11 所示。即使该间隙量很小，数控车床横向进给的位移变化量也很小，但是仍然会导致数控车床横向拖板产生严重的爬行现象，从而使得零件的加工精度大为降低。

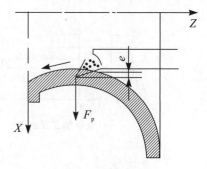

图 2-11 嵌刀现象

采用如图 2-10b 所示的第二种进给路线，因为尖形车刀运动到圆弧轨迹的象限点时，进给运动方向由正 Z 向、负 X 向变换为正 Z 向、正 X 向，所以切削分力 F_P 与数控车床横向拖板的传动力方向相反，从而避免了嵌刀现象的产生。由此说明图 2-10b 所示的进给加工路线是较为合理的。

此外在车削加工螺纹时，需要多次的重复进给加工，而且每次运行的轨迹路线都相差不大，此时可以采用数控系统的固定循环来确定其进给加工路线。

2.4 数控编程中的数学处理

数控加工是一种基于数学的加工。分析数控加工工艺过程不可避免地要进行数学分析和尺寸计算。对零件的图形进行数学处理正是数控加工这一特点的突出体现。拿到加工零件图后，必须对它进行数学处理并最终确定编程尺寸值。

2.4.1 编程原点的选择

加工程序中的字大部分均为尺寸字，这些尺寸字中的数据是程序中的主要内容。同一个零件，同样的加工，由于编程原点的选择不同，尺寸字中的表现数据就不一样，所以编程首先要选定编程原点。

理论上讲，编程原点选择在任何地方都是可以的。但实际上，为了尺寸坐标的换算方便，应该尽可能地使尺寸直观。另外，当编程原点选择在不同位置时，对刀的方便与否和准确程度也不同。而且当编程原点的位置不同时，确定编程原点在毛坯上位置的难易程度和加工余量的均匀性也不同。

一般数控车削加工的编程原点，在 X 向（零件径向）均应选在被加工零件的回转中心上，即在零件装夹后其回转中心与数控车床的主轴中心线同轴。因此编程原点的位置只考虑在 Z 向（零件轴向）进行选择即可。

对于在 Z 向不对称零件的数控加工，编程原点的位置在 Z 向一般选取在零件的左端面或右端面，必要时也可选在其他位置。对于在 Z 向对称的零件，编程原点应该选取在零件的对称中心:一来可以保证零件的加工余量均匀;二来可以采用镜像指令进行编程加工,零件轮廓的加工精度高。必要时也可选在其他位置。如图 2-12 所示的零件,选取零件的球心作为编程原点(图中 O 点),这样可以使得零件轨迹中各节点的编程尺寸计算较为方便。

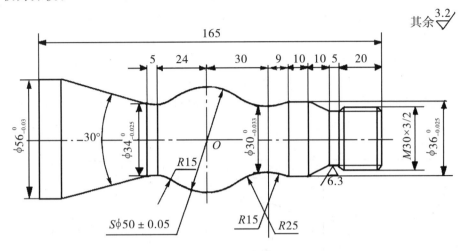

图 2-12 编程原点的选择

总之,选取编程原点要在保证零件加工质量的前提下根据具体情况进行。

2.4.2 编程尺寸设定值的确定

编程尺寸值理论上应该为该尺寸的误差分散中心,但是由于事先不知道分散中心的确切位置,因此可以先由平均尺寸替代,最后根据试加工结果进行修正,消除编程尺寸值误差的影响。

1. 编程尺寸值确定的步骤

(1)零件精度高时的尺寸处理 将零件的基本尺寸换算成平均尺寸。

(2)零件轨迹曲线几何关系的处理 保持原来重要的几何关系不变,例如角度、相切或相交等。

(3)零件精度低时的尺寸处理 通过修改一般尺寸,来确保零件原有的几何关系,使之协调。

(4)节点坐标尺寸的计算 按照调整后的尺寸计算有关未知节点的坐标尺寸。

(5)编程尺寸的修正 按照调整后的尺寸编程。加工一组零件,测量零件关键尺寸的实际分散中心,并且求出几何误差,再按照此误差调整编程尺寸并相应修改编制的加工程序。

2. 应用举例

如图 2-12 所示,典型轴类曲面零件加工编程尺寸的确定如下:

(1)该零件中的 $\phi 56$mm、$\phi 34$mm、$\phi 30$mm、$\phi 36$mm 四个直径尺寸都是最大尺寸,如果按此基本尺寸进行编程,考虑到车削加工外圆尺寸时的刀具磨损和加工中的让刀运动,零件外圆的实际加工尺寸将偏大,难以满足零件的加工要求,所以,必须按照平均尺寸确定编程尺寸。而这些尺寸的修改,又不能保证圆弧和球面以及圆弧与圆弧相切的几何关系,因此需要对有关尺寸进行修正,才能最终确定编程尺寸值。

(2)将零件精度高的基本尺寸换算为平均尺寸。

(3)保持原有圆弧间相切的几何关系,修改其他精度低的尺寸,使之与此协调。

设定工件坐标系原点为 O 点,工件轴线为 Z 轴,工件径向为 X 轴。圆弧曲线间各圆心和切点分别为 A、B、C、D、E。由于 D 点距零件轴线间的距离为 14.99175mm(编程尺寸决定),为了保证 E 点到零件轴线间的距离 40mm,因此调整该圆弧半径尺寸为 $R25.00825$mm,以此来保证 DE 之间的距离不变。其他调整后的尺寸如图 2-13 所示。

(4)按调整后的尺寸计算有关未知节点尺寸。进行编程坐标数据的转换计算,计算出 A、B、C、D、E 点的坐标尺寸。

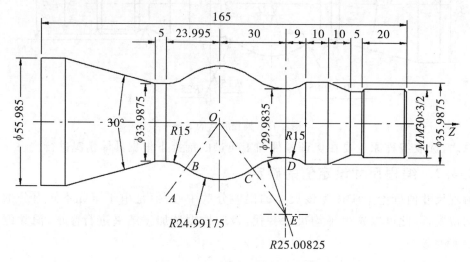

图 2-13　曲面零件的编程尺寸计算

2.5　数控加工工艺文件

数控加工工艺文件既是数控加工、产品验收的依据,也是操作者必须遵守、执行的规程。它是编程人员在编制加工程序单时必须编制的技术文件。数控加工工艺文件要比普通车床加工的工艺文件复杂,它不但是零件数控加工的依据,也是必不可少的工艺资料档案。

在实际数控加工中必须建立和编制必要的数控加工工艺文件。目前,数控加工工艺文件尚无统一标准。下面介绍一套在实际中可行的数控加工工艺文件,仅供在实际应用中参考。

数控加工工序卡与普通加工工序卡均是由编程人员根据被加工零件编制数控加工的工艺和作业内容。与普通加工工序卡不同的是,此卡中还应该反映使用的辅具、刀具切削参数、切削液等。它是操作人员用数控加工程序进行数控加工的主要指导性工艺资料。工序卡应该按照已经确定的工步顺序填写。数控加工工序卡如表 2-1 所示。

表 2-1 数控加工工序卡

机械厂	数控加工工序卡	产品名称或代号		零件名称		零件图号	
工艺序号	程序编号	夹具名称	夹具编号	使用设备		车间	
工步号	工步内容	加工面	刀具号	刀具规格	主轴转速	背吃刀量	备注
1							
2							
编制		审核		批准		第　页共　页	

被加工零件的工步较少或工序加工内容较简单时,此工序卡也可以省略。但此时应该将工序加工内容填写在数控加工工件安装与零点设定卡上。

2.6 数控车削零件工艺分析举例

2.6.1 轴类零件数控车削加工工艺分析举例

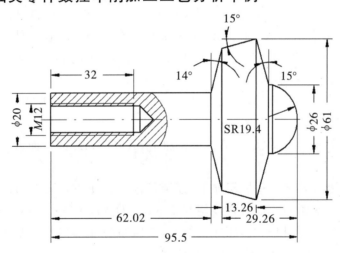

图 2-14 轴类零件数控车削工艺分析举例

零件如图 2-14 所示。材料 45♯钢,毛坯尺寸 $\phi66mm \times 100mm$,零件的径向尺寸公差 $\pm 0.01mm$,角度公差 $\pm 0.1'$,生产批量 40 件。

1. 图纸分析

(1)加工内容　包括车端面、外圆、倒角、锥面、圆弧、螺纹等。

(2)工件坐标系　该零件在加工中需要二次掉头装夹加工,从图纸上进行尺寸标注分析,应设置两个工件坐标系,两个工件坐标系的工件原点均应选定在零件装夹后的右端面(精加工面)。

2. 装夹定位方式

此工件必须分两次装夹完成加工。第一次装夹工件右端部位,加工工件左端,使用三爪卡盘夹持,如图 2-15 所示;第二次装夹如图 2-16 所示。

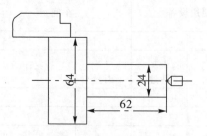
图 2-15 工序 3 的加工内容

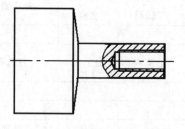
图 2-16 工序 4 的加工内容

3. 换刀点

换刀点选定为(100.0,100.0)。

4. 公差处理

取尺寸公差中值。

5. 工步和走刀路线

(1)工序 1 用三爪卡盘夹紧工件左端,加工 φ64mm×38mm 圆柱面。

(2)工序 2 调头用三爪卡盘夹紧 φ64mm×38mm 圆柱面,在工件左端面打中心孔。

(3)工序 3 用三爪卡盘夹紧工件 φ64mm 一端,另一端用顶尖顶紧,加工 φ24mm×62mm 圆柱面,如图 2-15 所示。

(4)工序 4 钻螺纹底孔;精车加工 φ20mm×62mm 圆柱面、加工 14°锥面、加工螺纹端平面;攻螺纹。如图 2-16 所示。

(5)工序 5 装夹方式如图 2-17 所示。加工 SR 19.4mm 圆弧面、φ26mm 圆柱面、15°锥面、15°倒锥面。

先用循环指令分若干次一层层加工,逐渐切削至由 E→F→G→H→I,等基点组成的回转面。最后两次循环的走刀路线均与 B→C→D→E→F→G→H→I→B 相似。使用 G71 指令(FANUC 数控系统)完成粗加工,使用 G70 指令完成精加工;走刀路线为 B→C→D→E→F→G→H→I→B。如图 2-17 所示。

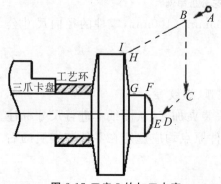
图 2-17 工序 5 的加工内容

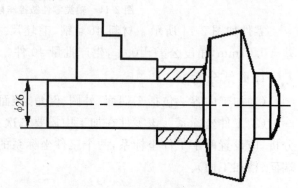
图 2-18 工序 5 的其他加工内容

应用固定循环指令加工出最后一个15°的倒锥面,如图2-18所示。

2.6.2 套类零件数控车削加工工艺分析举例

零件如图2-19所示。材料45#钢,毛坯尺寸φ80mm×110mm。

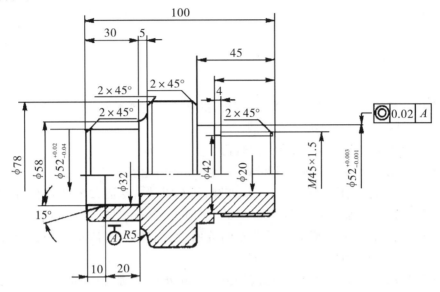

图2-19 套类零件数控车削加工工艺分析举例

1. 图纸分析

(1) 加工内容 零件加工内容包括车端面、外圆、倒角、内锥面、圆弧、螺纹、退刀槽等。

(2) 工件坐标系 零件在加工中需要二次掉头装夹,从图纸上进行尺寸标注分析,应设置两个工件坐标系。两个工件坐标系的工件原点均应选在零件装夹后的右端面(精加工面)。

2. 装夹定位方式

由于工件右端外表面为螺纹,不适于做装夹表面,φ52mm圆柱面较短,也不适于做装夹表面,所以第一次装夹工件右端,加工左端,使用三爪卡盘夹持,如图2-20所示。第一次装夹完成左端面、2×45°倒角、φ50mm外圆、R5mm圆弧、2×45°倒角、φ78mm外圆的粗、精加工;钻通孔;内锥面、φ32mm内圆的粗、精加工。

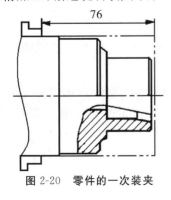

图2-20 零件的一次装夹

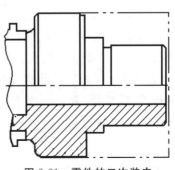

图2-21 零件的二次装夹

第二次装夹如图 2-21 所示,完成工件右端面、2×45°倒角、螺纹、φ42mm 退刀槽、φ52mm 外圆、轴承、2×45°倒角的粗、精加工。

3. 换刀点

换刀点选定为(100.0,100.0)。

4. 公差处理

取尺寸公差中值。

5. 工步和走刀路线

(1)工序 1 的第 1 步　装夹 φ80mm 表面,粗车零件左侧端面、2×45°倒角、φ50 外圆、φ58 台阶、R5 圆弧、2×45°倒角、φ78 外圆。

(2)工序 1 的第 2 步　钻中心孔、钻通孔。

(3)工序 1 的第 3 步　粗加工 φ20mm 与 φ32mm 内轮廓。

(4)工序 2　第一次掉头装夹 φ50mm 外圆,粗车零件右端面、2×45°倒角、螺纹外径。

(5)工序 3 的第 1 步　装夹 φ78mm 表面,精加工 φ20mm 与 φ32mm 内轮廓。

(6)工序 3 的第 2 步　精加工零件左侧端面、2×45°倒角、φ50mm 外圆、φ58mm 台阶、R5mm 圆弧 2×45°倒角、φ78mm 外圆。

(7)工序 4 的第 1 步　第二次掉头装夹 φ50mm 外圆,精加工右端面、2×45°倒角、螺纹外径、φ42mm 退刀槽、φ52mm 外圆、轴肩、2×45°倒角。

(8)工序 4 的第 2 步　螺纹加工。

实训任务　汽车典型零件加工工艺分析

任务一　典型轴类零件加工工艺之一(见附录 1)

1. 图纸分析

(1)加工内容　零件加工包括车端面、外圆柱面、外圆锥面、倒角、内圆柱面、圆弧成型面、螺纹、外圆槽等。

(2)工件坐标系　零件在加工中需要二次掉头装夹,从图纸上进行尺寸标注分析,应设置两个工件坐标系。两个工件坐标系的工件原点均应选在零件装夹后的右端面(精加工面)。

2. 装夹定位方式

(1)第一次卡盘夹紧装夹完成工件左端面 φ52mm×55mm、锥角 40°的圆锥面、φ32mm×8mm 槽、φ26mm×25mm 内孔。

(2)第二次卡盘夹紧、顶尖顶紧装夹完成工件右端面 φ35mm×8mm 槽、Sφ48mm 外圆成型面、R10mm 外圆弧面、R8mm 外圆弧面、φ30mm×25mm 外圆柱面、M30×1.5 螺纹。

3. 换刀点

换刀点选定为(100.0,100.0)。

起刀点：(60.0,2.0)。

4. 公差处理

取尺寸公差中值。

5. 工步和走刀路线

(1) 工序 1 的第 1 步　装夹 φ55mm 表面，粗车零件左侧端面，粗车左端 φ52mm×55mm、锥角 40°的圆锥面、φ32mm×8mm 槽至公差要求。

(2) 工序 1 的第 2 步　精车左端 φ52mm×55mm、锥角 40°的圆锥面、φ32mm×8mm 槽至公差要求。

(3) 工序 1 的第 3 步　钻左端 φ24mm×25mm 孔，粗车左端内孔 φ26mm×25mm。

(4) 工序 1 的第 4 步　精车左端内孔 φ26mm×25mm 至公差要求。

(5) 工序 2 的第 1 步　第一次掉头装夹 φ52mm 表面，车右侧端面控制总长至 145mm，打中心孔。

(6) 工序 2 的第 2 步　一夹一顶装夹，粗车 Sφ48mm 外圆成型面、R10mm 外圆弧面、R8mm 外圆弧面、φ30mm×25mm 外圆柱面。

(7) 工序 2 的第 3 步　精车 Sφ48mm 外圆成型面、R10mm 外圆弧面、R8mm 外圆弧面、φ30mm×25mm 外圆柱面至公差要求。

(8) 工序 2 的第 4 步　右端 φ35mm×8mm 槽。

(9) 工序 2 的第 5 步　右端 M30×1.5 螺纹。

典型轴类零件加工工艺（二）（见附录 2）

1. 图纸分析

(1) 加工内容　零件加工包括车端面、外圆柱面、外圆锥面、倒角、倒圆、内圆柱面、圆弧面、螺纹、退刀槽、椭圆等。

(2) 工件坐标系　零件在加工中需要二次掉头装夹，从图纸上进行尺寸标注分析，应设置两个工件坐标系。两个工件坐标系的工件原点均应选在零件装夹后的右端面（精加工面）。

2. 装夹定位方式

(1) 第一次装夹完成　工件右端面、1×45°倒角、φ72mm×5mm 外圆、φ60mm×15mm 外圆、φ40mm×7mm 外圆、3mm×2mm 槽、M30×1.5 螺纹。

(2) 第二次装夹完成　工件左端面、R2mm 倒圆、φ55mm×25mm 外圆、外圆锥面、φ72mm×5mm 外圆、φ42mm×8mm 内孔、φ30mm×20mm 内孔、钻 φ25mm 孔。

3. 换刀点

换刀点选定为 (100.0,100.0)。

起刀点：(80.0,2.0)。

4. 公差处理

取尺寸公差中值。

5. 工步和走刀路线

(1)工序 1 的第 1 步　装夹 φ75mm 表面,粗车零件右侧端面,粗车右端 φ30mm×23mm 外圆柱面,φ40mm×7mm 外圆柱面,φ60mm×20mm 外圆柱面,φ72mm×5mm 外圆柱面。

(2)工序 1 的第 2 步　精车右端 φ30mm×23mm 外圆柱面,φ40mm×7mm 外圆柱面,φ60mm×20mm 外圆柱面,φ72mm×5mm 外圆柱面至公差要求。

(3)工序 1 的第 3 步　右端长轴 10mm、短轴 5mm 的椭圆。

(4)工序 1 的第 4 步　右端 3mm×2mm 槽,M30×1.5 螺纹。

(5)工序 2 的第 1 步　第一次掉头装夹 φ60mm 表面,钻孔 φ25mm×35mm,车左侧端面控制总长至 115mm。

(6)工序 2 的第 2 步　粗车左端 R2mm,φ55mm×25mm 外圆柱面,长 15mm、大径 φ72mm 的外圆锥面,φ72mm×5mm 外圆柱面,R20mm 圆弧面。

(7)工序 2 的第 3 步　精车左端 R2mm,φ55mm×25mm 外圆柱面,长 15mm、大径 φ72mm 的外圆锥面,φ72mm×5mm 外圆柱面,R20mm 圆弧面至公差要求。

(8)工序 2 的第 4 步　粗车左端内孔 φ42mm×8mm,内孔 φ30mm×20mm。

(9)工序 2 的第 5 步　精车左端内孔 φ42mm×8mm,内孔 φ30mm×20mm 至公差要求。

(10)综合检验。

任务二　典型套类零件加工工艺(见附录 3)

1. 图纸分析

(1)加工内容　零件加工包括车端面、外圆柱面、倒圆、倒角、内圆柱面、内螺纹、圆弧面等。

(2)工件坐标系　零件在加工中需要二次掉头装夹,从图纸上进行尺寸标注分析,应设置两个工件坐标系。两个工件坐标系的工件原点均应选在零件装夹后的右端面(精加工面)。

2. 装夹定位方式

(1)第一次装夹完成　工件右端面、φ72mm×25mm 外圆、R2mm 倒圆、C1 倒角、内孔圆柱面 φ60mm×5mm、内孔圆柱面 φ40mm×38mm、内孔圆柱面 φ32mm×3mm、内孔螺纹 M30×1.5。

(2)第二次装夹完成　工件左端面、R2mm 倒圆、φ72mm×7mm 外圆、R15mm 圆弧面、C1 倒角。

3. 换刀点

换刀点选定为(100.0,100.0)。

起刀点:(80.0,2.0)。

4. 公差处理

取尺寸公差中值。

5.工步和走刀路线

(1)工序1的第1步　装夹φ75mm表面,粗车零件右侧端面,钻φ24mm通孔。

(2)工序1的第2步　粗车右端φ72mm×25mm外圆、R2mm倒圆。

(3)工序1的第3步　精车右端φ72mm×25mm外圆、R2mm倒圆。

(4)工序1的第4步　粗车右端内孔C1倒角、内孔圆柱面φ60mm×5mm、内孔圆柱面φ40mm×38mm、内孔圆柱面φ32mm×3mm、内孔螺纹M30×1.5。

(5)工序1的第5步　精车右端内孔C1倒角、内孔圆柱面φ60mm×5mm、内孔圆柱面φ40mm×38mm、内孔圆柱面φ32mm×3mm。

(6)工序1的第5步　内孔螺纹M30×1.5。

(7)工序2的第1步　第一次掉头装夹φ72mm表面,车左侧端面控制总长至55mm。

(8)工序2的第2步　粗车左端R2mm、φ72mm×7mm外圆柱面、R15mm圆弧面。

(9)工序2的第3步　精车左端R2mm、φ72mm×7mm外圆柱面、R15mm圆弧面。

(10)工序2的第4步　内孔C1倒角。

(11)综合检验。

任务三　汽车前减振器下销零件加工工艺(见附录4)

1.图纸分析

(1)加工内容　零件加工包括车端面、打中心孔、外圆柱面、倒角、外螺纹、台阶平面等。

(2)工件坐标系　零件在加工中需要五次装夹,从图纸上进行尺寸标注分析,工件坐标系的工件原点均应选在零件装夹后的右端面(精加工面)。

2.装夹定位方式

(1)第1次装夹完成　工件右端面、打中心孔。

(2)第2次装夹完成　工件左端面、打中心孔。

(2)第3次装夹完成　φ25mm×70mm外圆、1.5×45°倒角、φ18mm×32mm外圆柱面、M18×1.5外螺纹、φ36mm×20mm外圆柱面。

(2)第4次装夹完成　工件左端面、φ26mm×53mm外圆、1.5×45°倒角、φ18mm×23mm外圆柱面、M18mm×1.5mm外螺纹。

(3)第5次装夹完成　铣台阶平面

3.换刀点

换刀点选定为(100.0,100.0)。

起刀点:(42.0,2.0)。

4.公差处理

取尺寸公差中值。

5.工步和走刀路线

工序号10:夹毛坯外圆车端面控制总长102mm,打中心孔。

工序号20:调头夹毛坯外圆车端打中心孔面,控制总长198mm±0.1mm。

工序号30:两顶车 φ20mm±0.1×22mm。

工序号40:两顶车 φ20mm±0.1×31mm。

工序号50:两顶车 φ16.95mm－φ16.88mm×32mm,两顶车 φ25.967mm－φ26.00mm×53mm,车 φ36 台阶外圆,M18×1.5－6h 螺纹,控制有效长度30mm。

工序号60:两顶车 φ16.88mm－φ16.95mm×23mm,两顶车 φ24.967mm－φ25.00mm×70mm,滚压另一端 M18×1.5－6h 螺纹,控制有效长度20mm。

工序号70:铣台阶平面,控制厚度13.9mm～14mm。

工序号80:综合检验。

工序号90:热处理镀锌。

任务四　汽车转向节零件加工工序分配(见附录5)

1. 图纸分析

(1)加工内容　零件加工包括车端面、打中心孔、外圆柱面、外圆锥面、倒角、倒圆、法兰平面加工、法兰面均布六孔加工、外螺纹、主销孔内外开档平面加工、主销孔加工、键槽、锥孔、内孔螺纹加工。

(2)工件坐标系　零件在加工中需要14次装夹,从图纸上进行尺寸标注分析,工件坐标系的工件原点均应选在零件装夹后的右端面(精加工面)。

2. 装夹定位方式

(1)第1次装夹完成　铣两端面,钻中心孔。

(2)第2次装夹完成　法兰端面,车削柄部。

(3)第3次装夹完成　螺栓孔安装面。

(4)第4次装夹完成　法兰面六孔。

(5)第5次装夹完成　主销孔内外开档。

(6)第6次装夹完成　钻2－φ36mm孔。

(7)第7次装夹完成　1:10锥孔两平面。

(8)第8次装夹完成　锥孔底孔,主销孔。

(9)第9次装夹完成　铣键槽。

(10)第10次装夹完成　锥孔。

(11)第11次装夹完成　主销孔两端内侧、外侧倒角。

(12)第12次装夹完成　主销衬套孔。

(13)第13次装夹完成　主销孔内开档。

(14)第14次装夹完成　精磨两个轴颈及 R7 圆弧。

3. 换刀点

换刀点选定为(200.0,200.0)。

4. 公差处理

取尺寸公差中值。

5.工步和走刀路线

工序号10:铣两端面,钻中心孔。

工序号20:粗车法兰端面,仿形车削柄部。

工序号30:精车柄部。

工序号40:铣螺栓孔安装面。

工序号50:钻、扩、铰法兰面六孔。

工序号60:粗铣主销孔内外开档。

工序号70:钻 2－φ36mm 孔。

工序号80:铣 1∶10 锥孔两平面。

工序号90:钻锥孔底孔,钻、粗、精镗主销孔,钻 4－φ6.8mm 孔,钻 2－φ8.8mm 孔。

工序号100:铣键槽。

工序号110:钻、粗铰锥孔。

工序号120:精镗 1∶10 锥孔。

工序号130:铣台阶面,精铰锥孔。

工序号140:攻螺纹 4－M8－7H,2－M12×1.25－6H,2－M10×1。

工序号150:主销孔两端内侧、外侧倒角。

工序号160:压衬套。

工序号170:精镗主销衬套孔。

工序号180:精铣主销孔内开档。

工序号190:高频淬火。

工序号200:精磨两个轴颈及 R7 圆弧。

工序号210:磁力探伤。

工序号220:综合检验。

模块练习题

一、选择题

1. 对于新工艺、新技术、特殊工艺的应用,应先作(　　)证明切实可行,才能编写零件工艺卡。

   A. 单件生产　　B. 小批生产　　C. 批量生产　　D. 工艺试验

2. 数控机床的主轴是(　　)坐标轴。

   A. X 轴　　B. Y 轴　　C. Z 轴　　D. U 轴

3. 数控机床回零是指(　　)下的零点。

   A. 工作坐标系　　B. 机床　　C. 相对坐标系　　D. 剩余坐标系

4. 绝对坐标系又称作(　　)坐标系。

   A. 机床　　B. 相对　　C. 工作　　D. 机械

5. 增加坐标系中的 U 对应绝对坐标系中(　　)值。

A. X B. Y C. Z D. Q

6. 工件坐标系的零点一般设在( )。

 A. 机床零点 B. 换刀点 C. 工件的端面 D. 卡盘端面

7. 前置数控车床的X轴正方向指向( )。

 A. 操作者 B. 机床主轴 C. 床头 D. 床尾

8. 在数控机床坐标系中,规定传递切削动力的主轴轴线为( )坐标轴。

 A. X B. Y C. Z D. 笛卡尔

9. 数控机床的参考点与机床坐标系原点从概念上讲( )。开机时进行的回参考点操作,其目的是( )。

 A. 不是一个点、建立工件坐标系 B. 是一个点、建立工件坐标系
 C. 是一个点、建立机床坐标系 D. 不是一个点、建立机床坐标系

10. 参考点与机床原点的相对位置由Z向X向的( )挡块来确定。

 A. 测量 B. 电动 C. 液压 D. 机械

11. 数控机床有不同的运动方式,需要考虑工件与刀具相对运动关系及坐标方向,采用( )的原则编写程序。

 A. 刀具不动,工件移动
 B. 工件固定不动,刀具移动
 C. 根据实际情况而定
 D. 铣削加工时刀具固定不动,工件移动;车削加工时刀具移动,工件不动

12. 在加工表面和加工刀具不变的情况下,所连续完成的那一部分工序称为。( )

 A. 工序 B. 工位 C. 工步。

13. 半精加工作为过渡性工序目的是使精加工余量( )。

 A. 均匀 B. 小 C. 小而均匀 D. 大而均匀。

14. 选用精基准的表面应安排在( )工序进行。

 A. 起始 B. 中间 C. 最后 D. 任意

15. 在大量生产中,常采用原则( )。

 A. 工序集中 B. 工序分散 C. 工序集中于工序分散混合使用

16. 工件的定位是使工件( )基准获得确定位置。

 A. 工序 B. 测量 C. 定位 D. 辅助。

17. 待加工表面的工序基准和设计基准( )。

 A. 肯定相同 B. 一定不同 C. 可能重合 D. 不可能重合。

18. 一个或一组工人,在一个工作地对同一个或同时对几个工件所连续完成的那一部分工艺过程称为( )。

 A. 工序 B. 工位 C. 工步

二、判断题

1. 工件的装夹次数越多,引起的误差就越大,所以在同一道工序中,应尽量减少工件

的安装次数。 （　）

2. 当工件的定位基准与工序基准重合时，可以防止基准不符误差的产生。（　）

3. 正确选择工件定位基准，应尽可能选用工序基准、设计基准作为定位基准。
（　）

4. 工序集中就是将许多加工内容集中在少数工序内完成，使每一工序的加工内容比较多。（　）

5. 若加工中工件用以定位的依据（定位基准），与对加工表面提出要求的依据（工序基准或设计基准）相重合，称为基准重合。（　）

6. 同一工件，无论用数控机床加工还是用普通机床加工，其工序都一样。（　）

7. 编排数控机床加工工序时，为了提高加工精度，采用一次装夹多工序集中。
（　）

三、简单题

1. 数控加工工艺过程特点和主要内容是什么？
2. 工序和工步划分的依据是什么？
3. 如图 2-14、图 2-19 所示，请选择合适的数控刀具。
4. 数控加工的粗、精加工中的切削用量选择原则是什么？
5. 数控机床中对刀点和换刀点的选择原则是什么？
6. 如图 2-14 所示，制定数控加工的加工工艺路线，并完成加工工序卡（附加工简图）。
7. 如图 2-22 所示的轴类零件，材料 45#钢，毛坯为棒料，小批量生产。试分析其数控车削加工工艺过程。

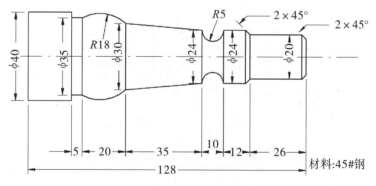

图 2-22　数控车削加工实训实例 1

8. 如图 2-23 所示零件，材料 45#钢，小批量生产。试分析其数控车削加工工艺过程。

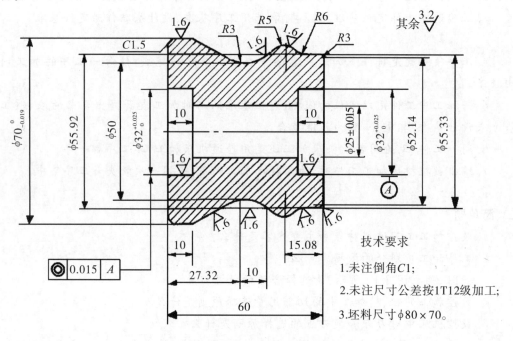

图 2-23　数控车削加工工艺实训实例 2

技术要求
1. 未注倒角 C1；
2. 未注尺寸公差按 IT12 级加工；
3. 坯料尺寸 $\phi 80 \times 70$。

9. 如图 2-24 所示零件毛坯为 $\phi 72mm \times 150mm$，材料为铝合金，试分析其工艺过程。

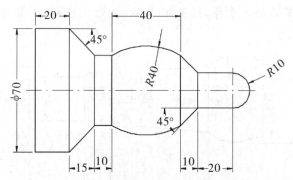

图 2-24　数控车削加工工艺实训实例 3

10. 如图 2-25 所示为球阀阀芯，为保证球面和孔的同心度，要求一次装夹完成，试安排去除余量的方式和走刀路线。

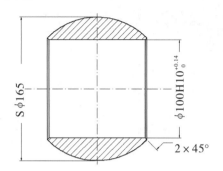

图 2-25　数控车削加工工艺实训实例 4

11. 如图 2-26 所示零件的毛坯为 φ88mm×125mm，45#钢。请完成图示零件的工艺安排，给出走刀路线，选择刀具和切削用量。

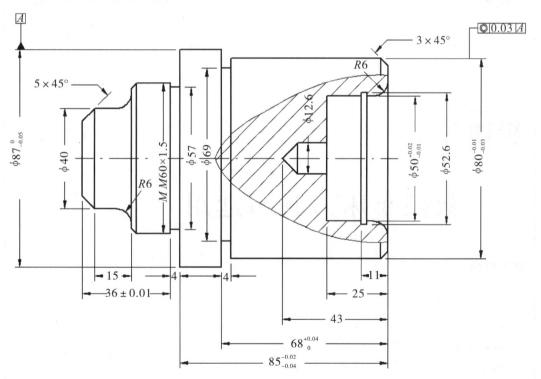

图 2-26　数控车削加工工艺实训实例 5

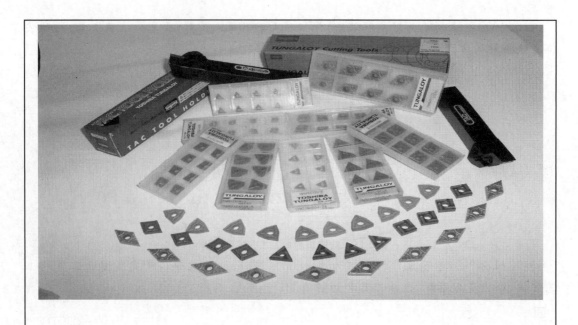

模块三

数控车床刀具与选用

知识目标

1. 了解数控加工刀具的种类、特点。
2. 了解数控机床刀具的基本要求和失效形式。
3. 掌握数控车床所用刀片的标记方法及数控刀片的选择。
4. 掌握数控车床所用刀片的夹紧及刀具的装夹。

技能目标

1. 正确选择典型轴类零件加工的刀具。
2. 正确选择典型套类零件加工的刀具。
3. 正确选择汽车前减振器下销零件加工的刀具。
4. 正确选择汽车转向节零件加工的刀具。

3.1 数控刀具的主要种类

数控加工刀具可分为常规刀具和模块化刀具两大类。其中,模块化刀具是今后需要重点发展的方向。

发展模块化刀具具有以下主要优点:减少换刀停机时间,提高生产加工时间,加快换刀及安装时间;提高小批量生产的经济性;提高刀具的标准化和合理化的程度;提高刀具的管理及柔性加工的水平;扩大刀具的利用率,充分发挥刀具的性能;有效地消除刀具测量工作的中断现象,可采用线外预调。

3.1.1 根据结构划分

车刀按结构分类,有整体式、焊接式、机夹式和可转位式四种类型,它们的特点与用途见表3-1。

表3-1 车刀结构类型、特点及用途

名称	特点	适用场合
整体式	用整体高速钢制造,刃口可磨得较锋利。	小型车床或加工有色金属。
焊接式	焊接硬质合金或高速钢刀片,结构紧凑,使用灵活。	各类车刀特别是小刀具。
机夹式	避免焊接产生的应力、裂纹等缺陷刀杆利用率高。刀片可集中刃磨获得所需参数。使用灵活方便。	外圆、端面、镗孔、切断、车螺纹等。
可转位式	避免了焊接刀的缺点,刀片可快换转位。生产率高。断屑稳定,可使用涂层刀片。	大中型车床加工外圆、端面、镗孔。特别适用于自动线数控机床。

1. 焊接车刀

焊接车刀是由刀片和刀柄通过镶焊连接成一体的车刀。一般刀片选用硬质合金,刀柄用45#钢。

选用焊接车刀时应具备的原始资料是:被加工零件的材料、工序图,使用机床的型号、规格。

选用焊接车刀时,应考虑车刀形式、刀片材料与型号、刀柄材料、外形尺寸及刀具参数等。对大刃倾角或特殊几何形状的车刀,用户在重磨时尚需计算刃磨工艺参数,以便刃磨时按其调整机床。

2. 机夹车刀

机夹车刀指用机械方法定位、夹紧刀片,通过刀片体外刃磨与安装倾斜后,综合形成刀具角度的车刀。使用中刃口磨损后需进行重磨。机夹车刀可用于加工外圆、端面、内孔,特别是车槽车刀、螺纹车刀、刨刀等应用较为广泛。机夹切断车刀、螺纹车刀的结构与尺寸详见国家标准GB/T10953—89至GB/T10955—89。

机夹车刀的优点在于避免焊接引起的缺陷,刀柄能多次使用,刀具几何参数设计选用灵活。如采用集中刃磨,对提高刀具质量、方便管理、降低刀具费用等方面都有利。

3. 硬质合金可转位车刀

硬质合金可转位车刀是近年来国内外大力发展和广泛应用的先进刀具之一。刀片用机械夹固方式装夹在刀杆上。当刀片上一个切削刃磨钝后,只需将刀片转过一个角度,即可用新的切削刃继续切削,从而大大缩短了换刀和磨刀的时间,并提高了刀杆的利用率。

硬质合金可转位车刀有各种不同形状和角度的刀片,可分别用来车外圆、车端面、切断、车孔和车螺纹等。

3.1.2 根据制造材料划分

1. 高速钢刀具

高速钢刀具在合金工具钢中加入了较多的钨、铬、钼和钒等合金元素而制成的刀具。其硬度可达63～66HRC,能耐600～650℃高温,在切削中碳钢切削速度50～60m/min,强度高,韧性好,能抵抗一定的冲击振动,制造工艺性好,易制造,应用广泛。

2. 硬质合金刀具

硬质合金刀具由硬度和熔点都很高的金属碳化物(WC、TiC、TaC、NbC)和金属黏结剂(Co、Ni、Mo)以粉末冶金法烧结而成。硬质合金刀具的硬度达89～93HRC,可耐850～1000℃高温,具有良好的耐磨性,切削速度为高速钢的4～10倍,可加工包括淬火钢在内的多种材料。但硬度合金刀具的冲击韧性差,抗弯强度低,工艺性差,制造刀具比较困难,不易做成复杂形状,主要用于渡层和制作刀片。硬质合金刀片按国际标准分为P类、M类和K类三大类。

(1) P类(YT钨钛钴类) 主要由WC、TiC、Co组成,加入了TiC后,提高了硬度和耐热性,抗黏结能力增强,抗氧化能力增强,但是抗弯强度和冲击韧性较差,主要用于切削呈带状切屑的普通碳钢和合金钢。

(2) M类(YW钨钛钽类) 加入了TaC或NbC后,增强了韧性,提高了耐热性,综合性能较好,被称为通用型硬质合金钢,适于加工奥氏体不锈钢、铸铁、高锰钢、合金铸铁等。

(3) K类(YG钨钴类) 主要由WC、Co组成,抗弯强度增加,增强了韧性,不易崩刃,刃磨性好,但耐热性和耐磨性较差,适于加工铸铁、冷硬铸铁、短屑可锻铸铁等脆性材料。

3. 陶瓷刀具

主要成分为Al_2O_3,在高压下成形和在高温下烧结而成的,有很高的硬度和耐磨性,耐热温度高达1200℃,硬度78HRC,化学性能稳定,切削速度高,但抗弯强度低,冲击韧性差,适用于钢、铸铁、有色金属等材料的精加工和半精加工。

4. 立方氮化硼(CBN)刀具

立方氮化硼是由软的六方氮化硼在高温高压下加入催化剂转变而成。其硬度高达8000～9000HV,耐磨性好,耐热性高达1400℃,与铁元素的化学惰性比金刚石大,因此可对高温合金、淬硬钢、冷硬铸铁进行半精加工和精加工。

5. 金刚石刀具

分人造和天然金刚石两种,都是碳的同素异构体。人造金刚石在高温、高压条件下由石墨转化而成,硬度达到10000HV,是硬质合金的80～120倍,但韧性差。

金刚石刀具能精密切削有色金属及其合金,能切削高硬度的耐磨材料。金刚石与铁原子有较强的亲和力,因此不能切削钢铁等黑色金属。当温度达到800℃时,金刚石刀具在空气中即发生碳化,就会产生急剧磨损。

3.1.3 根据切削工艺划分

1. 车削刀具

车削刀具分外圆车刀、内孔车刀、外螺纹车刀、内螺纹车刀、切槽刀、端面刀、端面环槽刀、切断刀等。

数控车床一般使用标准的机夹可转位刀具。机夹可转位刀具的刀片和刀体都有标准,刀片材料采用涂层硬质合金和高速钢等。

机夹可转位刀具夹固不重磨刀片时通常采用螺钉上压式、杠杆式、楔块上压式等结构。

常规车削刀具为长条形方刀体或圆柱刀杆。方形刀体一般用槽形刀架螺钉紧固方式固定。

2. 钻削刀具

钻削刀具分小孔、短孔、深孔、攻螺纹、铰孔等。钻削刀具可用于数控车床、车削中心,又可用于数控镗铣床和加工中心。因此它的结构和连接形式有直柄、直柄螺钉紧定、锥柄、螺纹连接、模块式连接(圆锥或圆柱连接)等多种。

3. 镗削刀具

随着刀具技术的不断进步,镗孔刀具逐步向机夹可转位刀具方向发展。目前孔加工刀具系统中,有各种各样的可转位镗刀。可转位镗刀的品种很多,按照切削刃多少可分:单刃镗刀、双刃镗刀和多刃镗刀(复合镗刀、成组镗刀);按照刀具结构分:整体镗刀、模块镗刀和可调镗刀。

可转位双刃镗刀:在同一镗杆的径向安装两个模块镗刀(可调镗刀)。双刃镗刀的特点是有一对对称的切削刃同时参与切削,与单刃镗刀对比,每转进给量可提高一倍,生产效率高。

可转位多刃镗刀(复合镗刀、成组镗刀):根据零件上被加工孔的几何形状和工艺可能性,在同一镗杆的轴向安装两个或两个以上的可转位刀片或模块镗刀(可调镗刀),以便在同一个工序中同时完成几个不同面的加工,从而获得较高的生产率。在成批大量生产中广泛应用。

4. 铣削刀具

铣削刀具分面铣、立铣、三面刃铣、键槽铣刀、鼓形铣刀、成形铣刀等刀具。

(1)面铣刀(也叫端铣刀) 面铣刀的圆周表面和端面上都有切削刃,端部切削刃为副切削刃。面铣刀多制成套式镶齿结构和刀片机夹可转位结构,刀齿材料为高速钢或硬质合金,刀体为40Cr。

(2)立铣刀 立铣刀是数控机床上用得最多的一种铣刀。立铣刀的圆柱表面和端面上都有切削刃,它们可同时进行切削,也可单独进行切削。结构有整体式和机夹式等。高速钢和硬质合金是铣刀工作部分的常用材料。

（3）模具铣刀　模具铣刀由立铣刀发展而成,可分为圆锥形立铣刀、圆柱形球头立铣刀和圆锥形球头铣刀三种,其柄部有直柄、削平型直柄和莫氏锥柄。它的结构特点是球头或端面上布满切削刃,圆周刃与球头刃圆弧连接,可以作径向和轴向进给。铣刀工作部分用高速钢或硬质合金制造。

3.2　数控刀具的基本要求

数控机床必须有与其相适应的切削刀具配合,才能充分发挥作用。数控加工中所用的刀具,必须适应数控机床所特有的工作条件,才能与机床在最佳配合条件下工作,从而充分发挥数控机床应有的作用。

由于数控机床及加工中心具有多把刀具连续生产的特点,如果刀具设计、选择或使用不合理,就会造成断屑、排屑困难或刀刃过早磨损而影响加工精度,甚至发生刀刃破损而无法进行正常切削,产生大量废品或被迫停机。数控机床所用刀具不仅数量多,而且类型、材料、规格尺寸及采取的切削用量和切削时间也不相同,刀具耐用度的相差很悬殊。因此,在选用数控机床的刀具时,必须考虑到与刀具相关的各种问题。

3.2.1　数控机床对刀具的要求

为了保证数控机床的加工精度,提高生产率及降低刀具的消耗,在选用刀具时对刀具提出了很高的要求,如可靠的断屑、高的耐用度、可快速调整与更换等。

1.适应高速切削要求,具有良好的切削性能

为提高生产效率和加工高硬度材料的要求,数控机床向着高速度、大进给、高刚性和大功率发展。中等规格的加工中心,其主轴最高转速一般为 3000～5000r/min,工作进给由 0～5m/min 提高到 0～15m/min。

为加工高硬度工件材料（如淬火模具钢）,数控机床所用刀具必须有承受高速切削和较大进给量的性能,而且要求刀具有较高的耐用度。

2.高可靠性

数控机床加工的基本前提之一是刀具的可靠性。要保证在加工中不发生意外的损坏。刀具的性能一定要稳定可靠,同一批刀具的切削性能和耐用度不得有较大差异。

3.较高的刀具耐用度

刀具在切削过程中不断地被磨损而造成工件尺寸的变化,从而影响加工精度。刀具在两次调整之间所能加工出合格零件的数量,称为刀具的耐用度。在数控机床加工过程中,提高刀具耐用度非常重要。

4.高精度

为了适应数控机床的高精度加工,刀具及其装夹机构必须具有很高的精度,以保证它在机床上的安装精度（通常在 0.005mm 以内）和重复定位精度。

5. 可靠的断屑及排屑措施

切屑的处理对保证数控机床正常工作有着特别重要的意义。在数控机床加工中，紊乱的带状切屑会给加工过程带来很多危害，在可靠卷屑的基础上，还需要畅通无阻地排屑。对于孔加工刀具尤其如此。

6. 精确迅速的调整

数控机床及加工中心所用刀具一般带有调整装置，这样就能够补偿由于刀具磨损而造成的工件尺寸的变化。

7. 自动快速的换刀

数控机床一般采用机外预调尺寸的刀具，而且换刀是在加工的自动循环过程中实现的，即自动换刀。这就要求刀具应能与机床快速、准确地接合和脱开，并能适应机械手或机器人的操作。所以连接刀具的刀柄、刀杆、接杆和装夹刀头的刀夹已发展成各种适应自动化加工要求的结构，成为包括刀具在内的数控工具系统。

8. 刀具标准化、模块化、通用化及复合化

数控机床所用刀具的标准化，可使刀具的品种规格减少，成本降低。数控工具系统模块化、通用化，可使刀具适用于不同的数控机床，从而提高生产率，保证加工精度。

3.2.2 数控刀具的特点和性能要求

1. 数控刀具的特点

为了能够实现数控机床上刀具高效、多能、快换和经济的目的，数控机床上所使用的刀具必须具备以下特点。

(1) 数控刀具必须有很高的切削效率。为提高其生产效率和加工高硬度材料的性能，数控机床正向着高速、大进给、高刚性和大功率发展。因此，现代刀具必须具有能够承受高速切削和强力切削的性能。预测硬质合金刀具的切削速度将由 200~300m/min 提高到 500~600m/min，陶瓷刀具的切削速度将提高到 800~1000m/min。刀具切削效率的提高，将使得生产效率提高并明显降低成本，所以在数控加工中应该尽量使用优质高效刀具。

对于数控铣床，应该采用高效铣刀和可转位钻头等先进刀具；采用的高速钢刀具尽量使用整体式涂层刀具，以保证刀具的耐用度；新型刀具材料如涂层硬质合金、陶瓷和超硬材料（如聚晶金刚石和立方氮化硼）的使用，更能充分发挥数控机床的优势。

(2) 数控刀具必须具有高的精度和重复定位精度。为了适应数控机床加工的高精度和自动换刀的要求，刀具及其装夹机构必须具有很高的精度，才能保证它在机床上的安装精度（通常在 0.005mm 以内）和重复定位精度。因此加工中使用的刀具锥柄、快换夹头与机床锥孔间的连接部分应该具有高的制造、定位精度。刀体加工也应该具有较高的尺寸精度和形状精度。当进行高精度零件的加工时，应该选用高精化刀具，以保证要求的刀尖位置精度。数控机床用的整体刀具也应有高精度的要求，例如有些立铣刀的径向尺寸精度高达 0.005mm，以满足精密零件的加工要求。

(3) 要求刀具具有很高的可靠性和耐用度。

(4)可实现刀具尺寸的预调和快速换刀。

(5)具有一个比较完善的工具系统。

(6)要建立刀具管理系统。

(7)有刀具在线监控及尺寸补偿系统。

2. 数控刀具的性能要求

为适应数控机床加工精度高、加工效率高、加工工序集中以及零件装夹次数少的要求,数控机床对所用的刀具还有许多性能上的要求:刀片、刀具几何参数和切削参数的规范化;刀片或刀具材料以及切削参数与被加工工件的材料之间匹配的选用原则;刀片或刀具的耐用度及其经济寿命指标的合理化;刀片或刀柄定位基准的优化;刀片与刀柄对机床主轴相对位置的要求;对刀柄的强度、刚性及耐磨性的要求;对刀柄的转位、装拆和重复精度的要求;刀片与刀柄切入位置和方向的要求;刀片与刀柄高度的通用化、规则化、系列化。

3.2.3 数控刀具的失效形式

在数控加工过程中,当刀具磨损到一定程度,崩刃、卷刃(塑变)或破损时,刀具即丧失了其加工能力而无法保证零件的加工质量,此种现象称为刀具失效。刀具失效的主要形式及其产生的原因有以下几个方面。

1. 后刀面磨损

后刀面磨损是指由机械交变应力引起的出现在刀具后刀面上的摩擦磨损。如刀具材料较软,刀具的后角偏小,加工过程中的切削速度偏高,进给量太小,都会造成刀具后刀面的磨损过量,并由此造成加工表面的尺寸和精度降低,增大切削中的摩擦阻力。因此应该选择耐磨性较高的刀具材料,同时降低切削速度,加大进给量,增大刀具后角,如此才能避免或减少刀具后刀面磨损现象的产生。

2. 边界磨损

主切削刃上的边界磨损常发生于与工件的接触面处。边界磨损的主要原因是工件表面硬化及锯齿状切屑造成的摩擦。解决措施是降低切削速度和进给速度,同时选择耐磨刀具材料,并增大刀具的前角使得切削刃锋利。

3. 前刀面磨损

前刀面磨损指在刀具的前刀面上由摩擦和扩散导致的磨损,主要由切屑和工件材料的接触,以及发热区域的扩散引起。另外刀具材料过软,加工过程中切削速度较高,进给量较大,也是前刀面磨损产生的原因。前刀面磨损会使刀具产生变形,干扰排屑,降低切削刃的强度。应该采取降低切削速度和进给速度,同时选择涂层硬质合金材料来达到减小前刀面磨损的目的。

4. 塑性变形

塑性变形指切削刃在高温或高应力作用下产生的变形。切削速度和进给速度太高以及工件材料中硬点的作用、刀具材料太软和切削刃温度较高等现象,都是产生塑性变形的主要原因。塑性变形的产生会影响切屑的形成质量,并导致刀具崩刃。可以通过降低切削速度和进给速度,选择耐磨性高和导热性能好的刀具材料等措施来达到减少塑性变形的目的。

5. 积屑瘤

积屑瘤指工件材料在刀具上的黏附物质。积屑瘤的产生会大大降低工件表面的加工质量,会改变切削刃的形状并最终导致切削刃崩刃。可以采取提高切削速度,选择涂层硬质合金或金属陶瓷等刀具材料,并在加工过程中使用冷却液等措施。

6. 刃口剥落

刃口剥落指切削刃口上出现的一些很小的缺口或非均匀的磨损等,主要由断续切削、切屑排除不流畅等因素造成。应该在加工时降低进给速度、选择韧性好的刀具材料和切削刃强度高的刀片,来避免刃口剥落现象的产生。

7. 崩刃

崩刃产生的主要原因有刀具刃口的过度磨损和较高的加工应力,也可能是由刀具材料过硬、切削刃强度不足以及进给量太大造成。刀具应该选择韧性较好的合金材料,加工时应减小进给量和背吃刀量(原叫切削深度),另外还可选择高强度或刀尖圆角较大的刀片。

8. 热裂纹

热裂纹指由于断续切削时,温度变化而产生的垂直于切削刃的裂纹。热裂纹会降低工件表面的加工质量,并导致刃口剥落。刀具应该选择韧性好的合金材料,同时在加工中减小进给量和背吃刀量,并进行干式切削,或在湿式切削加工时有充足的冷却液。

3.3 数控可转位刀片

3.3.1 数控可转位刀片的标记方法

1. 数控可转位刀片与刀片代码

从刀具的材料方面看,数控机床使用的刀具材料主要是各类硬质合金。从刀具的结构方面看,数控机床主要采用机夹可转位刀具。因此对硬质合金可转位刀片的运用是数控机床操作者所必须掌握的内容。

选用机夹式可转位刀片,首先要了解各类机夹式可转位刀片的表示规则和各代码的含义。按照国际标准 ISO1832-1985 中可转位刀片的代码表示方法,刀片代码由 10 位字符串组成,其排列顺序为:1 2 3 4 5 6 7 8 9 10。

2. 每一位字符串所代表刀片某种参数的意义

(1)刀片的几何形状及其夹角,如表 3-2 所示。

表 3-2 刀片形状(第 1 位)

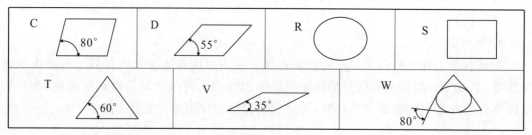

(2)刀片主切削刃后角(法角),如表 3-3 所示。

表 3-3 刀片后角(第 2 位)

代号	A	B	C	D	E	F	P	O	N
后角 α	3°	5°	7°	15°	20°	25°	11°	特殊	0°

(3)刀片内接圆直径 d 与厚度 s 的精度级别,如表 3-4 所示。

表 3-4 精度等级(第 3 位)

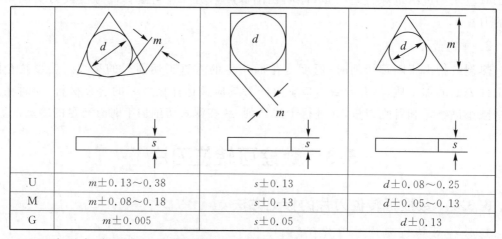

U	$m\pm 0.13\sim 0.38$	$s\pm 0.13$	$d\pm 0.08\sim 0.25$
M	$m\pm 0.08\sim 0.18$	$s\pm 0.13$	$d\pm 0.05\sim 0.13$
G	$m\pm 0.005$	$s\pm 0.05$	$d\pm 0.13$

(4)刀片型式、紧固方法或断屑槽,如表 3-5 所示。

表 3-5 断屑槽和固定形式(第 4 位)

代号	图示
N	
R	
F	
A	
M	
G	

(5)刀片边长、切削刃长度,如表 3-6 所示。

(6)刀片厚度,如表 3-7 所示。

(7)刀尖圆角半径 γ 或主偏角 kγ 或修光刃后角 α,如表 3-8 所示。

表 3-6 切削刃长(第 5 位)　　表 3-7 刀片厚度表(第 6 位)　　表 3-8 刀尖圆弧半径(第 7 位)

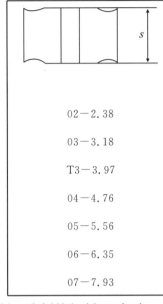

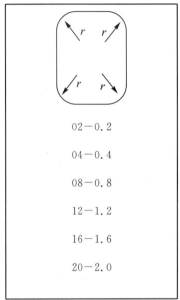

02	2.38
03	3.18
T3	3.97
04	4.76
05	5.56
06	6.35
07	7.93

02	0.2
04	0.4
08	0.8
12	1.2
16	1.6
20	2.0

(8)切削刃状态,刀尖切削刃或倒棱切削刃,如表 3-9 所示。

(9)进刀方向或倒刃宽度,如表 3-10 所示。

表 3-9 切削刃截面形状(第 8 位)

符号	简图	说明
F		尖锐切削刃
T		副倒棱切削刃
E		倒角切削刃
S		附倒棱加倒圆切削刃

表 3-10 切削方向(第 9 位)

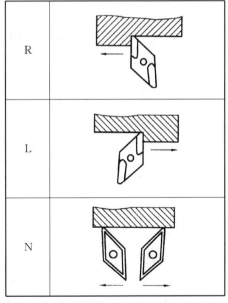

(10)厂商的补充符号或倒刃角度,如表 3-11 所示。

一般情况下,第 8 位和第 9 位代码是当有要求时才填写的。第 10 位代码根据具体厂商而不同,例如 SANDVIK 公司用来表示断屑槽形代号或代表设计有断屑槽等。

表 3-11 非国家或 ISO 标准,一般表明刀片的断屑槽(表中为国产刀片示例)(第 10 位)

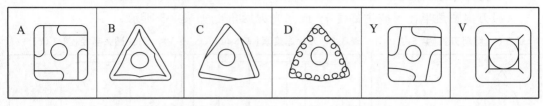

3. 车刀可转位刀片 TNUMl60408ERA2 的表示含义

T—60°三角形刀片形状;N—法后角为 0°;U—内切圆直径 d 为 6.35mm 时;刀尖转位尺寸允差±0.13mm,内接圆允差±0.08mm,厚度允差±0.13mm;M—圆柱孔单面断屑槽;16—刀刃长度 16mm;04—刀片厚度 4.76mm;08—刀尖圆弧半径 0.8mm;E—刀刃倒圆;R—向左方向切削;A2—直沟卷屑槽,槽宽 2mm。

3.3.2 数控可转位刀片的选择

数控机床刀具按照装夹、转换方式主要分为两大类:车削系统刀具和镗铣削系统刀具。车削系统刀具由刀片(刀具)、刀体、接柄(柄体)、刀盘所组成,通过刀具夹持系统(或刀具夹持装置)固定在数控车床上,如图 3-1 所示。图 3-1a 所示为加工外圆、端面,图 3-1b 所示为加工内孔的示意图。普通数控车床刀具主要采用机夹可转位刀片的刀具。所以,车削系统刀具和普通数控车床刀具的选择主要是可转位刀片的选择。

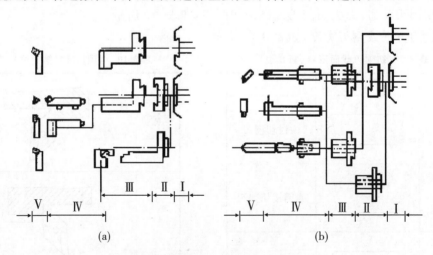

图 3-1 数控车床刀具夹持系统

根据被加工零件的材料、表面粗糙度要求和加工余量等条件,来决定刀片的类型。此处主要介绍车削加工中刀片的选择方法。

1. 刀片材料的选择

主要依据被加工工件的材料、被加工表面的精度要求、切削载荷的大小以及切削加工过程中有无冲击和振动等条件决定。

2.刀片尺寸的选择

刀片尺寸的大小取决于有效切削刃的长度 L,有效切削刃长度 L 与背吃刀量 a_p、主偏角 K_r 有关,如图 3-2 所示。

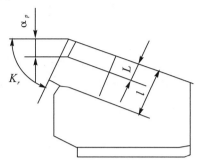

图 3-2　L 与 a_P、K_r 的关系

3.刀片形状的选择

刀片形状主要依据被加工工件的表面形状、切削方法、刀具寿命和刀片的转位次数等因素来选择。

(1)通常的刀尖形状影响加工性能的关系,如图 3-3 所示。

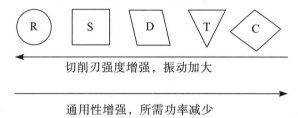

图 3-3　刀尖角度与加工性能的相应关系

R 形刀片:圆形刃口,用于特殊圆弧面的加工,刀片利用率高,但径向力大。

S 形刀片:四个刃口,刃口较短,刀尖强度较高,主要用于 75°、45°车刀,在内孔中用于加工通孔。

D 形刀片:两个刃口较长,刀尖角 55°,刀尖强度较低,主要用于仿形加工,在加工内孔时可用于台阶孔及较浅的清根。

T 形刀片:三个刃口,刃口较长,刀尖强度低,主要用于 90°车刀。在内孔车刀中主要用于加工盲孔、台阶孔。

C 形刀片:有两种刀尖角。100°刀尖角的两个刀尖强度高,一般用于 75°车刀,用来粗车外圆、端面;85°刀尖角的两个刃口强度较高,用它不用换刀即可加工端面或圆柱面,在内孔车刀中一般用于加工台阶孔。

(2)图 3-4 所示为常用车刀的用途。

①尖形车刀:指以直线形切削刃为特征的车刀。如 90°内、外圆车刀、端面车刀、切断(切槽)刀及内孔车刀等。

②圆弧形车刀:指以圆弧形(圆度误差或线轮廓误差很小)切削刃为特征的车刀。圆弧形车刀主要用于车削各种光滑连接(凹形)的成形面。

③成形车刀:其加工零件的轮廓形状完全由车刀刀刃形状的尺寸所决定,也称样板车刀。如螺纹车刀、非矩形车槽刀等。

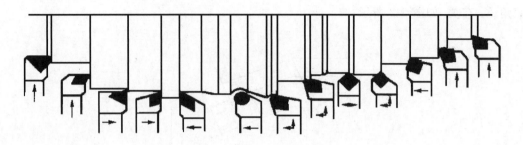

图 3-4 常用车刀的用途

(3)表 3-12 表示被加工表面形状与其相适应的主偏角 K_r(450~900)角度和刀片形状的关系。

表 3-12 被加工表面形状与主偏角 K_r 和刀片形状的关系

	主偏角	45°	45°	60°	75°	95°
车削外圆表面	刀片形状及加工示意图	45°	45°	60°	75°	95°
	推荐选用刀片	SCMA SPMR SCMM SNMM-8 SPUN SNMM-9	SCMA SPMR SCMM SNMG SPUN SPGR	TCMA TNMM-8 TCMM TPUN	SCMM SPUM SCMA SPMR SNMA	CCMA CCMM CNMM-7
车削端面	主偏角	75°	90°	90°	95°	
	刀片形状及加工示意图	75°	90°	90°	95°	
	推荐选用刀片	SCMA SPMR SCMM SPUR SPUN CNMG	TNUN TNMA TCMA TPUM TCMM TPMR	CCMA	TPUN TPMR	
车削成形面	主偏角	15°	45°	60°	90°	
	刀片形状及加工示意图	15°	45°	60°	90°	
	推荐选用刀片	RCMM	RNNG	GNMM-8	TNMG	

4.刀片的刀尖半径选择

(1)刀尖圆弧半径的大小直接影响刀尖的强度和被加工零件的表面粗糙度。刀尖圆弧半径增大,表面粗糙度值增大,切削力增大且易产生振动,切削性能下降,但刀刃强度增加,刀具前后刀面的磨损减少。具体主要表现为:刀刃锋锐度越好,加工表面粗糙度值越小,切削变形和切削力越小,切削表面层的冷硬现象和组织位错现象越小,加工表面残留应力越小。

(2)选择原则 在背吃刀量较小的精加工、细长轴加工或机床刚度较差的情况下,选取刀尖圆弧半径较小些;在需要刀刃强度高、零件直径大的粗加工中,选用刀尖圆弧半径较大些。

图 3-5 分别表示了刀尖圆弧半径与表面粗糙度、刀具耐用度的关系。刀尖圆弧半径一般适宜选取为进给量的 2~3 倍。

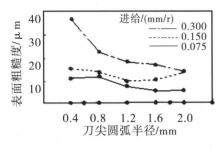
切削条件:$v_c=120\text{m/min}, a_p=0.5\text{mm}$

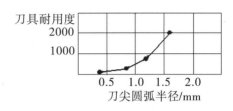
切削条件:$v_c=100\text{m/min}, a_p=2\text{mm}\ f=0.335\text{mm/r}$

图 3-5　刀尖圆弧半径与表面粗糙度、刀具耐用度的关系

3.4　数控车刀的装夹

3.4.1　数控可转位刀片的夹紧

可转位刀片的刀具由刀片、定位元件、夹紧元件和刀体所组成,为了使刀具能达到良好的切削性能,对刀片的夹紧元件有以下基本要求:夹紧可靠,不允许刀片松动;定位准确,确保定位精度和重复精度;排屑流畅,有足够的排屑空间;结构简单,操作方便,制造成本低,转位动作快,换刀时间较短。

常见可转位刀片的夹紧方式通常采用的有杠杆式、楔块上压式、螺钉上压式等,如图 3-6 列举了各种夹紧方式及其适应的不同加工范围。

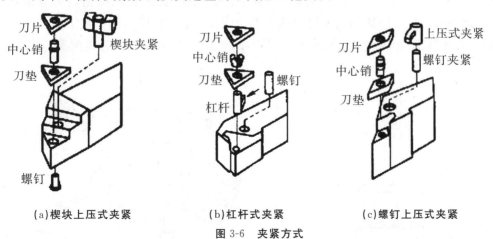

(a)楔块上压式夹紧　　(b)杠杆式夹紧　　(c)螺钉上压式夹紧

图 3-6　夹紧方式

按照其适应性,一般将它们分为 3 个等级,其中,3 级表示最合适的选择,见表3-13。

表 3-13 各种夹紧方式最合适的加工范围

夹紧方式 加工范围	杠杆式	楔块上压式	螺钉上压式
可靠夹紧/紧固	3	3	3
仿形加工	2	3	3
重复性	3	2	3
仿形加工/轻负荷加工	2	3	3
断续加工工序	3	2	3
外圆加工	3	1	3
内圆加工	3	3	3

3.4.2 数控车床刀具的装夹

数控车床刀具必须有稳定的切削性能，能够承受较高的切削速度，能较好地断屑，能快速更换且能保证较高的换刀精度。为达到上述要求，数控车床应有一个完善的工具系统。数控车床用工具系统主要由两部分组成：一部分是刀具，另一部分是刀夹(夹刀器)。

数控车床刀具的种类较多，除各种车刀外，在车削中心上还有钻头、铣刀、镗刀等。在车削加工中，刀片种类和所用材料品种很多，目前主要使用各种机夹不重磨刀片。国际标准(ISO)对于不重磨刀片的各种形式的编码和各种机夹夹紧刀片的方法均有统一规定。

1. 利用转塔刀架(或电动刀架)的刀具及其装夹

数控车床的刀架有多种形式，且各公司生产的车床的刀架结构各不相同，所以各种数控车床所配的工具系统也各不相同。一般是把系列化、标准化的精化刀具应用到不同结构的转塔刀架上，以达到快速更换的目的。图 3-7 是在数控车床上加工零件的刀具配置图。图 3-7a 为电动四方刀架的刀具配置，图 3-7b 为转塔刀架的刀具配置。

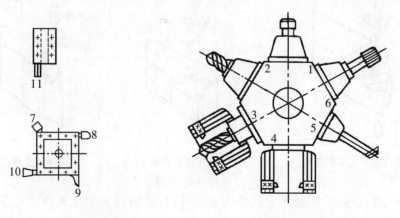

(a) 电动四方刀架的刀具配置　　(b) 转塔刀架的刀具配置

图 3-7　刀具配置图

2. 快换刀夹

数控车床及车削中心也可采用快换刀夹。图3-8为一种圆柱柄车刀快换刀夹,每把刀具都装在一个刀夹上,机外预调好尺寸,换刀时一起更换。快换刀夹的装夹方式大多数采用T形槽夹紧,也有采用齿纹面进行夹紧。

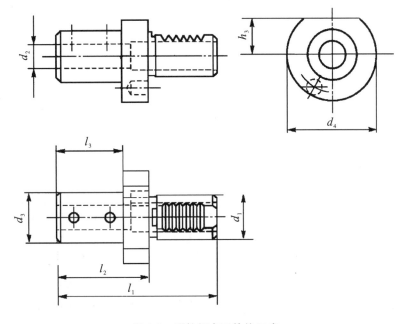

图 3-8 圆柱柄车刀快换刀夹

3. 模块式车削工具及其装夹

转塔刀架转位或更换刀夹(整体式)只更换刀具头部,就能够实现快速换刀,如图3-9所示。模块式车削工具连接部分如图3-10所示。

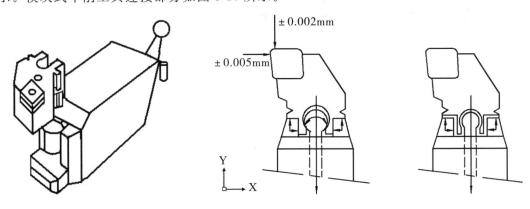

图 3-9 模块式车削结构　　图 3-10 模块式车削工具连接

3.4.3 数控加工刀具卡

表 3-14 数控加工刀具卡

零件图号			数控加工刀具卡			使用设备	
刀具名称							
刀具编号		换刀方式	自动	程序编号			
刀具组成	序号	编号	刀具名称	规格	数量	备注	
	1						
	2						
	3						
	4						
	5						
备注							
编制		审核		批准		共 页	第 页

数控加工对刀具的要求十分严格。数控加工刀具卡主要反映刀具编号、刀具结构、刀杆型号、刀片型号及材料或牌号等,是组装数控加工刀具和调整数控加工刀具的依据,如表 3-14 所示。

在数控车床、数控铣床上进行加工时,若使用的刀具不多,此刀具卡可以省略,但应该给出参与加工的各把刀具相距被加工零件加工部位的坐标尺寸,即换刀点相距被加工零件加工部位的坐标尺寸;也可以在机床刀具运行轨迹图上,标注出各把刀具在换刀时相距被加工零件加工部位的坐标尺寸。

实训任务　汽车典型零件加工刀具选用

任务一　典型轴类零件加工刀具与选用(一)(见附录 1)

1. 从结构上选用:机夹式刀具
2. 从制造所采用的材料上选用:硬质合金刀片
3. 刀片形状选择(单位:mm)

模块三 数控车床刀具与选用

T01:

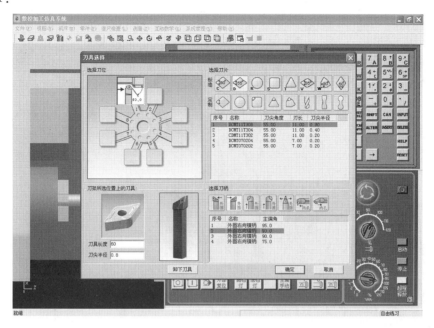

T02:

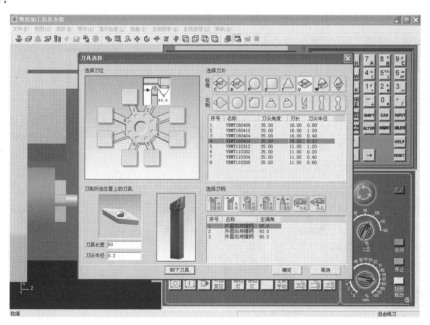

· 65 ·

数控车床加工工艺及编程

T03：

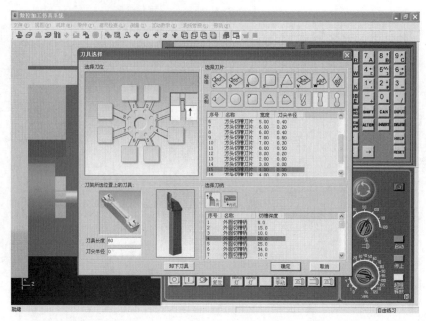

T04：

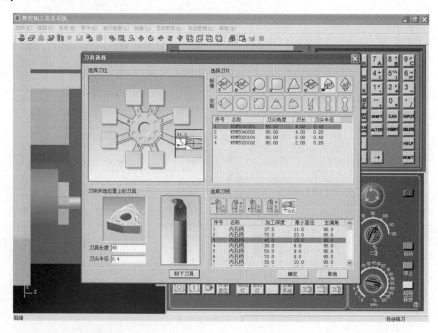

T05：

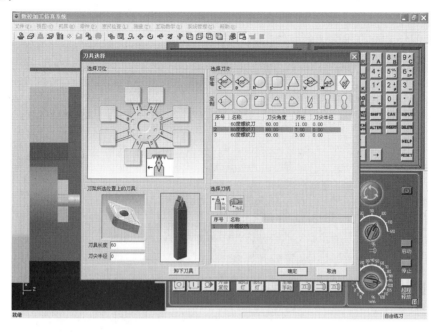

典型轴类零件加工刀具与选用(二)(见附录2)

1. 从结构上选用：机夹式刀具
2. 从制造所采用的材料上选用：硬质合金刀片
3. 刀片形状选择(单位：mm)

T01：

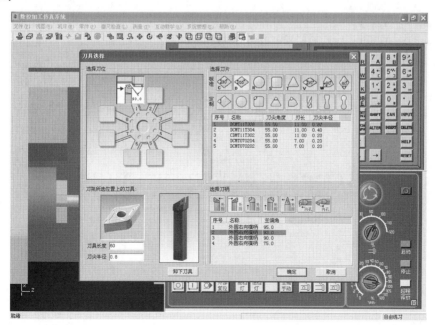

T02：

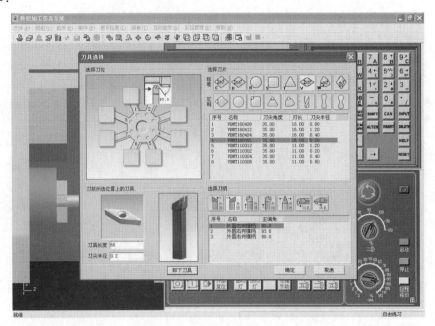

T03：

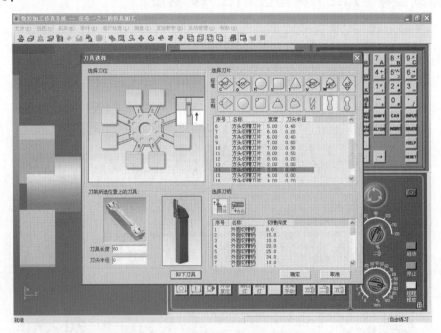

模块三 数控车床刀具与选用

T04：

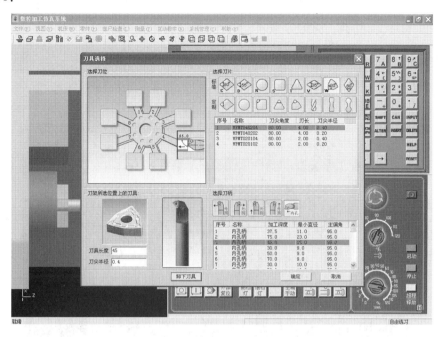

T05：

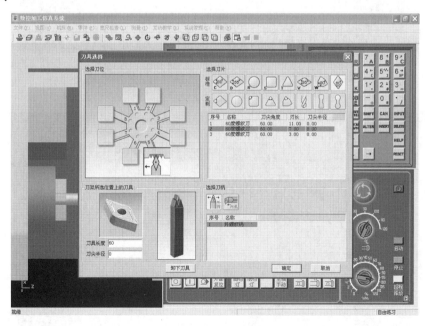

任务二　典型套类零件加工刀具与选用(见附录3)

1. 从结构上选用：机夹式刀具
2. 从制造所采用的材料上选用：硬质合金刀片
3. 刀片形状选择(单位:mm)

T01：

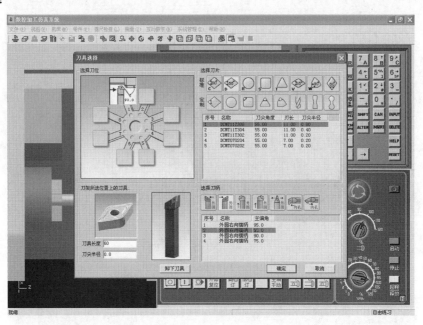

T02：

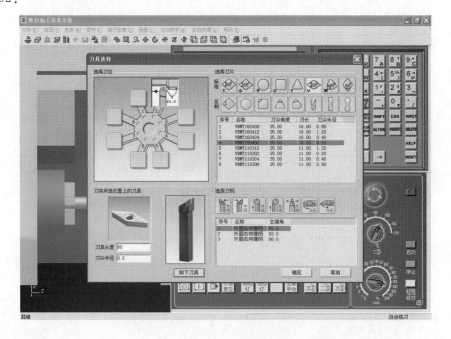

T04：

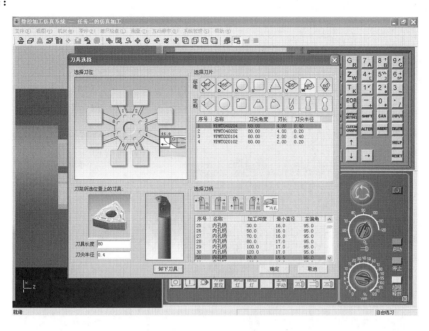

T06：

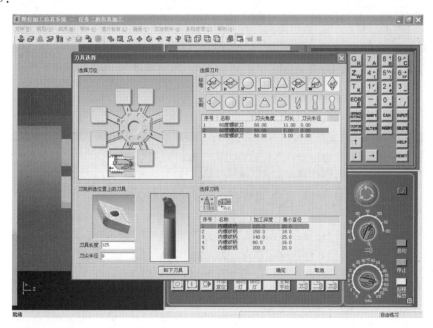

任务三 汽车前减振器下销零件加工刀具与选用(见附录4)

1. 从结构上选用:机夹式刀具
2. 从制造所采用的材料上选用:硬质合金刀片
3. 刀片形状选择

T01:

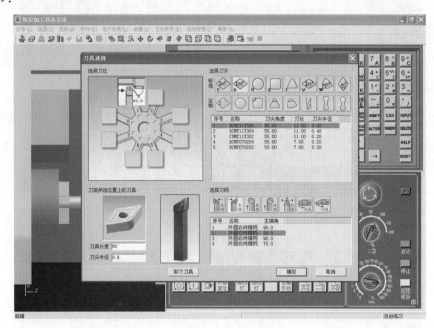

T02:

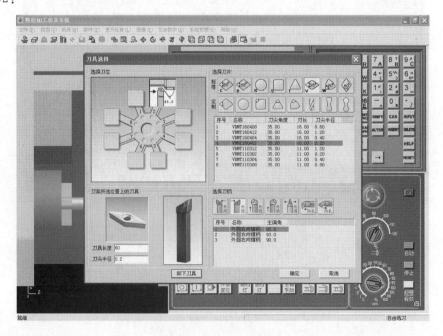

T05:

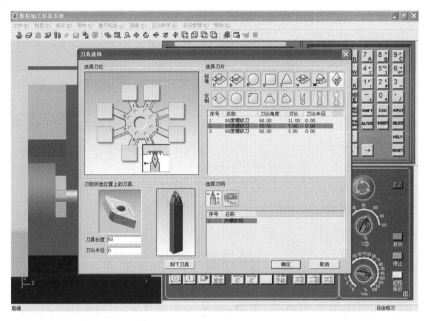

任务四　汽车转向节零件加工刀具与选用(见附录5)

1. 从结构上选用：机夹式刀具

2. 从制造所采用的材料上选用：硬质合金刀片

3. 刀片选择

工序号10：中心钻B4/14，75°套式面铣刀(φ63mm)。

工序号20：95°杠杆式机夹可转位，端面外圆车刀，凸三角精车刀片(KC9025)，80°菱形粗车刀片(4015)，80°菱形精车刀片(4015)。

工序号30：95°杠杆式机夹可转位，凸三角精车刀片，93°机夹外圆车刀，55°菱形刀片，1.5螺距60°螺纹刀片(KC730)，80°菱形粗车刀片，80°菱形精车车刀片。

工序号40：φ63mm直角套式面铣刀。

工序号50：弯柄手摇倒角钻，20mm×90°锥柄锥面锪钻，φ26mm专用锪刀，20mm×90°锥柄锥面锪钻。

工序号60：φ400mm可转位面铣刀，82°左(右)铣刀刀片(YT767)。

工序号70：φ36mm锥柄长麻花钻。

工序号80：硬质合金可转位三面刃铣刀(14齿)，三面刃铣刀刀片(YT767)，可转位面铣刀(φ209±1mm)(12齿)，19.05mm四方刀片。

工序号90：φ32mm锥柄麻花钻，φ41.6mm铰刀，φ42mm铰刀，φ6.8mm麻花钻，φ8.8mm麻花钻。

工序号100：直柄键槽铣刀。

工序号110：φ32mm锥柄长麻花钻，φ38mm锥度为1∶10的锥柄粗铰刀。

工序号120:镗刀片。

工序号130:锥孔平面铣刀,φ38mm 锥度为1∶10 锥孔精铰刀。

工序号140:螺旋槽丝锥30°(M12×1.25—6H),机用丝锥 M10×1,M8 丝锥。

工序号150:主销孔倒角锪钻(用锥面锪钻 φ50mm×60°改制)。

工序号160:压头。

工序号170:专用镗刀(YG3X)。

工序号180:硬质合金机夹可转位铣刀(φ315mm),三面刃铣刀刀片(YT767)。

工序号190:高频淬火。

工序号200:φ600mm 外圆及端面专用砂轮。

工序号210:磁力探伤。

工序号220:综合检验。

模块练习题

一、选择题

1.（　　）是一种具有较高强度、韧性、耐磨性和红硬性刀具材料。
　A. 碳素工具钢　　　B. 合金工具钢　　　C. 硬质合金　　　D. 高速钢

2. 在高温下能保持刀具材料切削性能的能力称为（　　）。
　A. 硬度　　　B. 耐热性　　　C. 耐磨性　　　D. 强度和韧性

3. 硬质合金的特点是耐热性（　　），切削率高,但刀片强度、韧性不及工具钢,焊接刃磨工艺较差。
　A. 好　　　B. 差　　　C. 一般　　　D. 不确定

4. 车端面时,当刀尖中心低于工件中心时,易产生（　　）。
　A. 表面粗糙度太高　　　B. 端面出现凹面　　　C. 中心处有凸面

5. 精度等级为 G 级的可转位刀片,其精度等级为（　　）。
　A. 精密级　　　B. 中等级　　　C. 普通级

6. 刀具材料的工艺性包括刀具材料的热处理性能和（　　）性能。
　A. 使用　　　B. 耐热性　　　C. 足够的强度　　　D. 刃磨

7. 硬质合金刀具的耐高温切削速度可达（　　）以上。
　A. 50m/min　　　B. 100m/min　　　C. 150m/min　　　D. 200m/min

8. 选择刀具的耐用度最小也不能低于（　　）班次的时间。
　A. 0.5个工作日　　B. 1个工作日　　C. 1.5个工作日　　D. 2个工作日

9. 若要延长刀具寿命,则采用（　　）。
　A. 较低的切削速度　　　　　　　　B. 较高的切削速度
　C. 两者之间的切削速度　　　　　　D. 较小的吃刀量

10. 精车45#钢光轴应选用（　　）牌号的硬质合金。
　A. YT5　　　B. YG3　　　C. YG8　　　D. YT30

11. 精加工脆性材料,应选用（　　）的车刀。

模块三 数控车床刀具与选用

A. YG3　　　　　　B. YG6　　　　　　C. YG8　　　　　　D. YG5

12. 磨料磨损是（　　）刀具磨损的主要原因。

A. 低速　　　　　　B. 高速　　　　　　C. 高速钢　　　　　D. 碳质合金

13. 黏结磨损是（　　）刀具磨损的主要原因。

A. 碳素钢　　　　　B. 高速钢　　　　　C. 硬质合金　　　　D. 陶瓷

14. 切削热促进（　　）作用，从而加速刀具磨损。

A. 氧化　　　　　　B. 扩散　　　　　　C. 电离　　　　　　D. 黏结

15. 正确选择（　　），对保证加工精度、提高生产率、降低刀具的损耗和合理使用机床起着很大的作用。

A. 刀具几何角度　　　　　　　　　　B. 切削用量

C. 工艺装备　　　　　　　　　　　　D. 刀具耐用度

16. 数控车床对机夹刀片的要求，尤其是对（　　）要求更重要。

A. 耐用度的一致性　　　　　　　　　B. 平均寿命

C. 精度　　　　　　　　　　　　　　D. 排屑性

17. 在加工过程中，刀具磨损但能够继续使用，为保证工件的尺寸精度，应该进行（　　）。

A. 换刀　　　　　　　　　　　　　　B. 刀具磨损补偿

C. 修改程序　　　　　　　　　　　　D. 改变切削用量

18. 高速钢刀具耐高温线速度为（　　）。

A. 30m/min　　　　　　　　　　　　B. 50m/min

C. 80m/min　　　　　　　　　　　　D. 100m/min

19. 下面（　　）不属于刀具位置补偿范围内。

A. 刀具位置补偿　　　　　　　　　　B. 刀具耐用度补偿

C. 刀具半径补偿　　　　　　　　　　D. 刀具长度补偿

二、判断题

1. 主偏角增大，刀具刀尖部分强度与散热条件变差。　　　　　　　　　（　　）

2. 粗加工时，加工余量和切削用量均较大，因此会使刀具磨损加快，所以应选用以润滑为主的切削液。　　　　　　　　　　　　　　　　　　　　　　　　（　　）

3. 刀具材料必须有较好的耐磨性。　　　　　　　　　　　　　　　　　（　　）

4. 定尺寸刀具法是指用具有一定的尺寸精度的刀具来保证工件被加工部位的精度。　　　　　　　　　　　　　　　　　　　　　　　　　　　　　　　　（　　）

5. 硬质合金刀具一般不用切削液。　　　　　　　　　　　　　　　　　（　　）

6. 刀具的耐用度取决于刀具本身的材料和刀具的角度。　　　　　　　　（　　）

7. 硬质合金焊接式车刀具有结构简单、刚性好等特点。　　　　　　　　（　　）

8. 数控机床所加工的轮廓，只与所采用程序有关，而与所选用的刀具无关。（　　）

三、问答题

1. 数控加工刀具从结构上可分为哪几种？各有什么特点？

2. 根据材料对数控刀具进行分类，并完成下表。

类型	主要组成成分	耐热温度	硬度	抗弯强度	切削速度	韧性	耐磨性	制造方式	加工工件材料

3. 数控车削刀具有哪些基本要求？可以从哪些方面来保证这些要求？

4. 可转位刀片的标记由哪些组成？安装方式有哪些？选择可转位刀具的原则是什么？

模块四

数控车床的工装夹具

知识目标

1. 了解数控车床工装夹具的作用、类型、特点。
2. 掌握数控机床基准的概念和定位基准的选择。
3. 掌握圆周定位夹具和中心孔定位夹具的使用。
4. 掌握数控车床的装夹找正方法。

技能目标

1. 会进行典型轴类零件加工的工装分析。
2. 会进行典型套类零件加工的工装分析。
3. 会进行汽车前减振器下销零件加工的工装分析。
4. 会进行汽车转向节零件加工的工装分析。

4.1 数控车床工装夹具的作用及组成

4.1.1 数控车床工装夹具的作用

在数控车削加工过程中,夹具是用来装夹被加工工件的,因此必须保证被加工工件的定位精度,并尽可能做到装卸方便、快捷。其主要作用表现在以下几个方面。

1. 缩短辅助时间,提高劳动生产率

夹具的使用一般包括两个过程:其一是夹具本身在机床上的安装和调整,该过程主要是依靠夹具自身的定向键、对刀块来快速实现,或者通过找正、试切等方法来实现,但速度稍慢;其二是被加工工件在夹具中的安装,该过程由于采用了专用的定位装置(如V形块等),因此能迅速实现。

2. 确保加工精度,保证产品质量

加工过程中,工件与刀具的相对位置容易得到保证,并且不受各种主观因素的影响,因而工件的加工精度稳定可靠。

被加工工件的某些加工精度是由机床夹具来保证的。夹具应能提供合适的夹紧力,既不能因为夹紧力过小而导致被加工工件在切削过程中松动,又不能因夹紧力过大而导致被加工工件变形或损坏工件表面。

3. 降低操作工人的技术要求和劳动强度

由于多数专用夹具的夹紧装置只需工人操纵按钮、手柄即可实现对工件的夹紧,这在很大程度上减少了工人找正和调整工件的时间与难度,或者根本不需要找正和调整,所以,这些专用夹具的使用降低了对工人的技术要求并减轻了工人的劳动强度。

4. 扩大机床的加工范围

很多专用夹具不仅能装夹某一种或一类工件,还能装夹不同类的工件,并且有的夹具本身还可在不同类的机床上使用,这些都扩大了机床的加工范围。

4.1.2 数控车床工装夹具的组成

从数控车床工装夹具的组成元件的功能来看,可以分为六部分。

1. 定位元件

定位在夹具中正确位置的元件,定位元件的定位精度直接影响工件的加工精度。定位主要包括各种定位销、定位键、定位轴和各种定位支座、定位支承、顶尖等。

2. 夹紧装置

确保工件在加工过程中不因受外力作用而破坏其已占据的正确位置,其结构会影响夹具的复杂程度和性能。压紧件包括各种形状的压板。

3. 对刀或导向元件

用于引导刀具相对于定位元件的正确位置的元件。它包括各种规格的钻套、快换钻套和导向支承等。

4.连接元件

是指用于保证夹具与机床间的相对位置的元件。例如各种螺钉、螺栓、螺母、垫圈等。

5.夹具体

用于连接夹具各组成部分,使之成为一个整体的基础体。常用的夹具体有铸铁结构、焊接结构、组装结构和锻造结构,形状有回转体形和底座形等。

6.其他装置

根据加工需要,有些夹具分别采用分度装置、靠模装置、上下料装置、顶出器和平衡块等。

4.2 数控机床夹具的类型和特点

4.2.1 机床夹具的类型

夹具是一种装夹工件的工艺装备,它广泛地应用于切削加工、热处理、装配、焊接和检测等机械制造工艺过程中。在金属切削机床上使用的夹具统称为机床夹具。

机床夹具常用的分类方法有以下几种。

1.按夹具的使用特点分类

根据夹具在不同生产类型中的通用特性,机床夹具可分为通用夹具、专用夹具、可调夹具、组合夹具和拼装夹具五大类。

(1)通用夹具　已经标准化的可加工一定范围内不同工件的夹具。

(2)专用夹具　专为某一工件的某道工序而设计制造的夹具。

(3)可调夹具　某些元件可调整或更换,以适应多种工件加工的夹具。

(4)组合夹具　采用标准的组合元件、部件,专为某一工件的某道工序组装的夹具。

(5)拼装夹具　用专门的标准化、系列化的拼装零部件拼装而成的夹具。

2.按使用机床分类

夹具按使用机床不同,可分为车床夹具、铣床夹具、钻床夹具、镗床夹具、齿轮机床夹具、数控机床夹具、自动机床夹具、自动线随行夹具以及其他机床夹具等。

3.按夹紧的动力源分类

夹具按夹紧的动力源可分为手动夹具、气动夹具、液压夹具、气液增力夹具、电磁夹具以及真空夹具等。

4.2.2 数控加工夹具的特点

作为机床夹具,首先要满足机械加工时对工件的装夹要求。同时,数控加工的夹具还有它本身的特点。

(1)数控加工适用于多品种、中小批量生产,为适应装夹不同尺寸、不同形状的多品种工件,数控加工的夹具应具有柔性,经过适当调整即可夹持多种形状和尺寸的工件。

(2)传统的专用夹具具有定位、夹紧、导向和对刀4种功能,而数控机床上一般都配备有接触试测头、刀具预调仪及对刀部件等设备,可以由机床解决对刀问题。

(3) 为适应数控加工的高效率,数控加工夹具应尽可能使用气动、液压、电动等自动夹紧装置快速夹紧,以缩短辅助时间。

(4) 夹具本身应有足够的刚度,以适应大切削用量切削。

(5) 为适应数控多方面加工,应避免夹具结构包括夹具上的组件对刀具运动轨迹的干涉,夹具结构不得妨碍刀具对工件各部位的多面加工。

(6) 夹具的定位要可靠,定位元件应具有较高的定位精度,定位部位应便于清屑,无切屑积瘤。

(7) 对刚度小的工件,应保证最小的夹紧变形,如使夹紧点靠近支承点,避免把夹紧力作用在工件的中空区域等。

(8) 表面质量对零件耐腐蚀性的影响。

(9) 表面质量对配合性质及零件其他性能的影响。

4.3 数控车床零件基准和加工定位基准

4.3.1 数控车床零件基准

由于车削加工和铣削加工的主切削运动、加工自由度及机床对刀机构的差异,数控车床在零件基准和加工定位基准的选择上,要比数控铣床和加工中心简单得多,没有过多的基准选择余地,也没有过多的基准转换问题。

1. 设计基准

顾名思义,设计基准是设计工件时采用的基准,例如轴套类和轮盘类零件的中心线。轴套类和轮盘类零件都属于回转体类零件,通常将其径向设计基准设置在回转体轴线上,将轴向设计基准设置在工件的某一端面或几何中心处。

2. 加工定位基准

加工定位基准是在加工中工件装夹定位时的基准。数控车床加工轴套类及轮盘类零件的加工定位基准只能是被加工工件的外圆表面、内圆表面或零件端面中心孔。

3. 测量基准

测量基准是被加工工件各项精度测量和检测时的基准。机械加工工件的精度要求包括尺寸精度、形状精度和位置精度。尺寸误差可用长度测量量具检测;形状误差和位置误差要借助测量夹具和量具来完成。下面以被加工工件径向跳动的测量误差和测量基准为例来说明。

测量径向跳动误差时,测量方向应垂直于基准轴线。当实际基准表面形状误差较小时,可用一对 V 形铁支撑被测工件。工件旋转一周,指示表上最大、最小读数之差即为径向圆跳动的误差,如图 4-1a 所示。此种测量方法的测量基准是零件支撑处的外表面,用两工件的圆周确定工件的中心线来进行工件的测量。测量误差中包含测量基准本身的形状误差和不同轴位置误差。

使用两中心孔作为测量基准是更为广泛应用的方法,如图 4-1b 所示。这是比较理想的测量基准,其好处在于:这种测量方法的基准是用两中心孔来确定工件的中心线,而一般工件在数控车削加工时的加工基准和在工件设计时的设计基准都是中心线,因此使得诸基准均利用同一基准,保证了基准的重合,从而能够提高工件的加工精度。

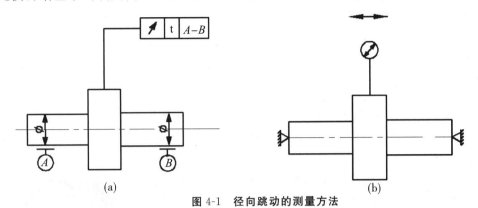

图 4-1　径向跳动的测量方法

由此可见,在数控车削加工中要尽量使工件的定位基准与设计基准重合。而且应尽量使工件的加工基准和工件的定位基准与工件的设计基准重合,这是保证工件加工精度的重要前提条件,也是对工件装夹定位的要求。

4.3.2　数控车床定位基准的选择

定位基准的选择包括定位方式的选择和被加工工件定位面的选择。

在数控车削加工中,较短轴类零件的定位方式通常采用一端外圆固定,即用三爪卡盘、四爪卡盘或弹簧套固定工件的外圆表面。此定位方式对工件的悬伸长度有一定限制,工件悬伸过长会使其在切削过程中产生变形,增大加工误差。

对于切削长度较长的轴类零件可以采用一夹一顶的方式,如图 4-2 所示,或采用两顶尖定位,如图 4-3 所示。在装夹方式允许的条件下,零件的轴向定位面应尽量选择几何精度较高的表面。

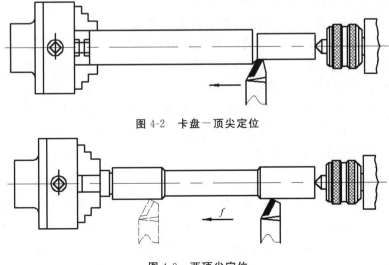

图 4-2　卡盘—顶尖定位

图 4-3　两顶尖定位

4.4 数控车床通用夹具

4.4.1 圆周定位夹具

在数控车削加工中,当粗加工、半精加工的精度要求不高时,可利用工件或毛坯的外圆表面定位。

1. 三爪卡盘

如图 4-4 所示,三爪卡盘是最常用的车床通用卡具,也是数控车床的通用卡具。三爪卡盘最大的优点是可以自动定心。它的夹持范围大,但定心精度不高,不适合于零件同轴度要求高时的二次装夹。

三爪卡盘常见的有机械式和液压式两种。液压卡盘装夹迅速、方便,但夹持范围小,尺寸变化大时需重新调整卡爪位置。数控车床经常采用液压卡盘,液压卡盘特别适用于批量加工。

图 4-4 三爪卡盘示意图

2. 软爪

由于三爪卡盘定心精度不高,当加工同轴度要求较高的工件或进行工件的二次装夹时,常使用软爪。通常三爪卡盘的卡爪要进行热处理,硬度较高,很难用常规刀具切削。软爪是为改变上述不足而设计制造的一种具有切削性能的夹爪。软爪有机械式和液压式两种。

加工软爪时要注意以下几方面的问题:

(1)软爪要在夹紧状态下进行车削,以免在加工过程中松动和由于反向间隙而引起定心误差。车削软爪内定位表面时,要在软爪尾部夹一适当的圆盘,以消除卡盘端面螺纹的间隙,如图 4-5 所示。

(2)当被加工工件以外圆定位时,软爪夹持直径应比工件外圆直径略小,如图 4-6 所示,其目的是增加软爪与工件的接触面积。软爪内径大于工件外径时,会使软爪与工件形成三点接触,如图 4-7 所示。此种情况下夹紧牢固度较差,所以应尽量避免。当软爪内径过小时,如图 4-8 所示,会形成软爪与工件的六点接触,这样不仅会在被加工表面留下压痕,而且软爪接触面也会变形。这在实际使用中也应该尽量避免。

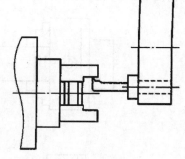

图 4-5 加工软爪

3. 卡盘加顶尖

当车削质量较大的工件时,一般应将工件的一端用卡盘夹持,另一端用后顶尖支撑。为了防止工件由于切削力的作用而产生轴向位移,必须在卡盘内装一限位支撑,如图 4-3 所示,或者利用工件的台阶面进行限位,如图 4-9 所示。后一种装夹方法比较安全可靠,能够承受较大的轴向切削力,安装刚性好,轴向定位准确,所以在数控车削加工中应用较多。

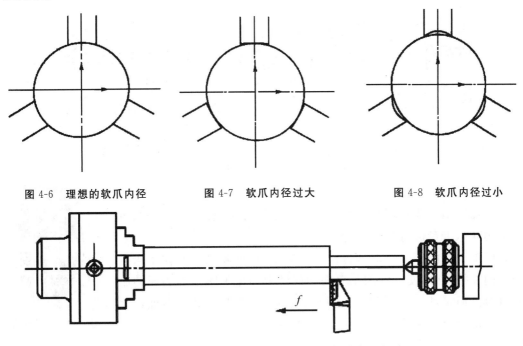

图 4-6 理想的软爪内径　　　图 4-7 软爪内径过大　　　图 4-8 软爪内径过小

图 4-9 用用工件的台阶面定位

4. 心轴和弹簧心轴

当工件用已加工过的孔作为定位基准时,可采用心轴装夹。这种装夹方法可以保证工件内外表面的同轴度,适用于批量生产。心轴的种类很多,常见的有圆柱心轴、小锥度心轴,这类心轴的定心精度不高。弹簧心轴(又称涨心心轴)既能定心,又能夹紧,是一种定心夹紧装置。图 4-10a 所示是直式弹簧心轴,它的最大特点是直径方向上膨胀较大,可达 1.5～5mm。图 4-10b 所示是台阶式弹簧心轴,它的膨胀量为 1.0～2.0mm。

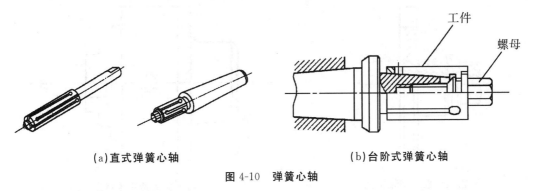

(a)直式弹簧心轴　　　　　　　　　(b)台阶式弹簧心轴

图 4-10 弹簧心轴

5. 弹簧夹套

弹簧夹套定心精度高,装夹工件快捷方便,常用于精加工过的外圆表面定位。它特别适用于尺寸精度较高、表面质量较好的冷拔圆棒料的夹持。弹簧夹套所夹持工件的内孔为规定的标准系列,并非任意直径的工件都可以进行夹持。图 4-11a 所示是拉式弹簧夹套,图4-11b所示是推式弹簧夹套。

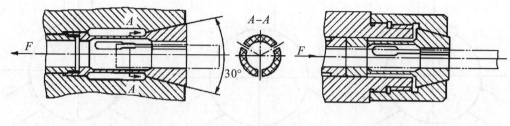

(a)拉式弹簧夹套　　　　　　　(b)推式弹簧夹套

图 4-11　弹簧夹套

6. 四爪卡盘

当加工精度要求不高、偏心距较小、零件长度较短的工件时,可以采用四爪卡盘进行装夹,如图4-12所示。

四爪卡盘的四个卡爪是各自独立移动的,可调整工件在车床主轴上的夹持位置,使工件加工表面的回转中心与车床主轴的回转中心重合。但是,四爪卡盘的找正烦琐费时,一般用于单件小批量生产。四爪卡盘的卡爪有正爪和反爪两种形式。

图 4-12　四爪卡盘

4.4.2　中心孔定位夹具

1. 两顶尖拨盘

两顶尖定位的优点是定心正确可靠、安装方便,主要用于精度要求较高的零件加工。顶尖是工件加工的定心,并承受工件的重量和切削力。顶尖分前顶尖和后顶尖。

前顶尖可插入主轴锥孔内,如图4-13a所示,也可夹持在卡盘上,如图4-13b所示。后顶尖插入尾座套筒。一种是固定的,如图4-14a所示,另一种是回转的,如图4-14b所示。其中,回转顶尖使用较广泛。

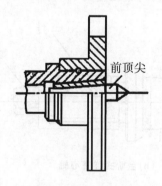 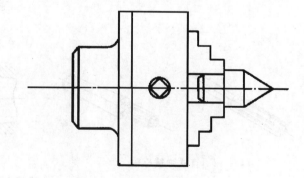

(a)前顶尖插入主轴锥孔内　　　　　　　(b)前顶尖夹持在卡盘上

图 4-13　前顶尖

(a) 固定顶尖

(b) 回转顶尖

图 4-14 后顶尖

两顶尖装夹工件时的安装顺序为：先使用对分夹头或鸡心夹头夹紧工件一端的圆周，再将拨杆旋入三爪卡盘，并使拨杆伸向对分夹头或鸡心夹头的端面。车床主轴转动时，带动三爪卡盘转动，随之带动拨杆同时转动，由拨杆拨动对分夹头或鸡心夹头，再拨动工件随三爪卡盘的转动而转动。两顶尖只对工件有定心和支撑作用，工件旋转必须通过对分夹头或鸡心夹头的拨杆带动，如图 4-15 所示。利用两顶尖定位还可加工偏心工件，如图 4-16 所示。

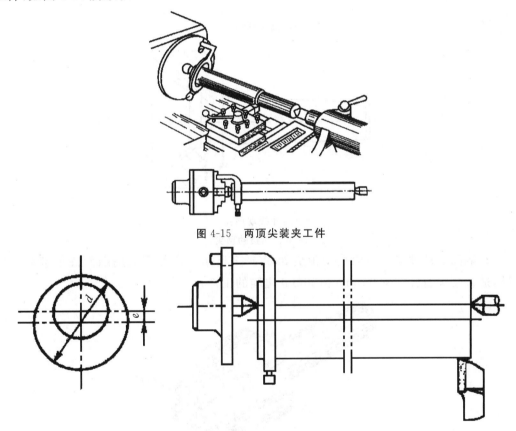

图 4-15 两顶尖装夹工件

图 4-16 两顶尖车偏心轴

使用两顶尖装夹工件时应注意：前后顶尖的连线应该与车床主轴中心线同轴，否则会产生不应有的锥度误差；尾座套筒在不与车刀干涉的前提下，应尽量伸出短些，以增加刚性和减小振动；中心孔的形状应正确，表面粗糙度应较好，在轴向精确定位时，中心孔倒角可以加工成准确的圆弧形倒角，并且以该圆弧形倒角与顶尖锥面的切线为轴向定位基准来进行定位；两顶尖中心孔的配合应该松紧适当。

2. 拨动顶尖

车削加工中常用的拨动顶尖有内、外拨动顶尖和端面拨动顶尖两种。

(1)内、外拨动顶尖　内拨动顶尖如图 4-17a 所示，外拨动顶尖如图 4-17b 所示。内、外拨动顶尖的锥面带齿，能嵌入工件，拨动工件旋转。

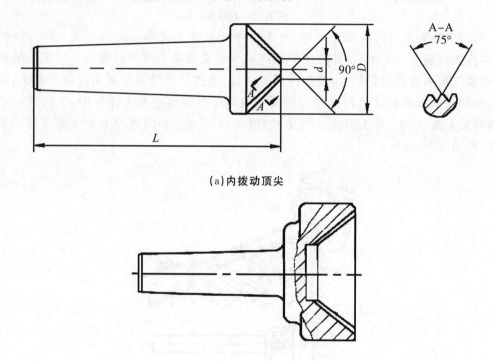

(a)内拨动顶尖

(b)外拨动顶尖

图 4-17　拨动顶尖

(2)端面拨动顶尖　端面拨动顶尖如图 4-18 所示。这种顶尖用端面拨爪带动工件旋转，适合装夹直径在 φ50mm～φ150mm 之间的工件。

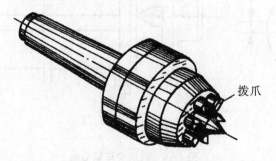

图 4-18　端面拨动顶尖

4.4.3　其他车削工装夹具

数控车削加工中有时会遇到一些形状复杂和不规则的零件，不能使用三爪或四爪卡盘装夹，需要借助其他工装夹具，如花盘、角铁等。

1. 花盘

被加工零件回转表面的轴线与基准面相垂直且外形复杂的零件可以装夹在花盘上加工。如图 4-19 所示是用花盘装夹双孔连杆的安装方法。

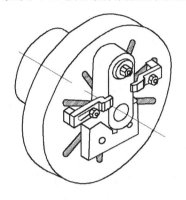

图 4-19 在花盘上装夹双孔连杆

图 4-20 角铁的安装方法

2. 角铁

被加工零件回转表面的轴线与基准面相平行且外形复杂的零件可以装夹在角铁上加工。如图 4-20 所示为角铁的安装方法。

4.4.4 数控车床的装夹找正

1. 装夹找正

数控车床进行工件的装夹时，必须将工件表面的回转中心轴线（即工件坐标系的 Z 轴）找正到与数控车床的主轴中心轴线重合。

2. 找正方法

与普通车床找正工件方法相同，一般用打表找正。通过调整卡爪，使得工件坐标系的 Z 轴与数控车床的主轴回转中心轴线重合，如图 4-21 所示。

单件的偏心工件在安装时常常要进行装夹找正。使用三爪自动定心卡盘装夹较长的工件时，由于工件较长，工件远离三爪自动定心卡盘夹持部分的旋转中心会与车床主轴的旋转中心不重合，此时必须进行工件的装夹找正。三爪自动定心卡盘的精度不高时，安装工件也需要进行工件的装夹找正。

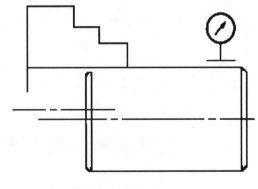

图 4-21 工件找正

4.5 零件加工夹具的选择

4.5.1 定位安装的基本原则

在数控机床上加工零件时,安装定位的基本原则与普通机床相同,也要合理选择定位基准和夹紧方案。为了提高数控机床的效率,在确定定位基准与夹紧方案时应该注意以下几点:力求设计基准、工艺基准和编程计算基准统一;尽量减少装夹次数,尽可能在一次定位装夹后加工出全部待加工表面;避免采用人工占机调整加工方案,以便能充分发挥出数控机床的效能。

4.5.2 选择夹具的基本原则

数控加工的特点对夹具提出了两点要求:一是要保证夹具的坐标方向与机床的坐标方向相对固定不变;二是要协调零件和机床坐标系的尺寸关系。除此之外,还应该考虑以下几点:当零件加工批量不大时,应尽量采用组合夹具、可调式夹具或其他通用夹具,以缩短生产准备时间,节省生产费用;在成批生产时,考虑使用专用夹具;零件的装卸要快速、方便、可靠,以缩短数控机床的停顿时间;夹具上各零部件应该不妨碍机床对零件各表面的加工;夹具要敞开,其定位夹紧机构的元件不能影响加工中机床或刀具的运行。

4.5.3 数控加工工件安装和零点设定卡

此表卡用于表达数控加工零件的定位方式和夹紧方法,并标明被加工零件的零点位置和坐标方向,以及使用的夹具名称、编号等,如表 4-1 所示。

表 4-1 数控加工工件安装和零点设定卡

零件图号		数控加工工件安装和零点设定卡		工序号		
零件名称				装夹次数		
编制日期		批准日期		第 页		
				共 页	序号	夹具名称	夹具图号

实训任务 汽车典型零件工装夹具分析

任务一 典型轴类零件加工工装分析(一)(见附录 1)

1. 工序 1 的第 1 步

设备:CKD6136 数控车床。

夹具:三爪自定心卡盘,5# 莫氏活顶尖。

量具:50-75 外径千分尺,40°角尺,0-150 游标卡尺。

2. 工序1的第2步

设备：CKD6136数控车床。

夹具：三爪自定心卡盘，5#莫氏活顶尖。

量具：50－75外径千分尺，40°角尺，0－150游标卡尺。

3. 工序1的第3步

设备：CKD6136数控车床。

夹具：三爪自定心卡盘。

量具：$\phi 25.5$光滑极限塞规。

4. 工序1的第4步

设备：CKD6136数控车床。

夹具：三爪自定心卡盘。

量具：$\phi 26_{0}^{+0.03}$光滑极限塞规，游标深度尺。

5. 工序2的第1步

设备：CKD6136数控车床。

夹具：三爪自定心卡盘。

量具：0－150游标卡尺。

6. 工序2的第2步

设备：CKD6136数控车床。

夹具：三爪自定心卡盘，5#莫氏活顶尖。

量具：0－150游标卡尺，25－50外径千分尺，$R24$半径量规，$R10$半径量规，$R8$半径量规，游标深度尺。

7. 工序2的第3步

设备：CKD6136数控车床。

夹具：三爪自定心卡盘，5#莫氏活顶尖。

量具：0－150游标卡尺，25－50外径千分尺，$R24$半径量规，$R10$半径量规，$R8$半径量规，游标深度尺。

8. 工序2的第4步

设备：CKD6136数控车床。

夹具：三爪自定心卡盘，5#莫氏活顶尖。

量具：25－50外径千分尺，量块。

9. 工序2的第5步

设备：CKD6136数控车床。

夹具：三爪自定心卡盘，5#莫氏活顶尖。

量具：M30×1.5螺纹环规。

10. 综合检验

量具：50－75外径千分尺，40°角尺，0－150游标卡尺，$\phi 25.5$光滑极限塞规，$\phi 26_{0}^{+0.03}$

光滑极限塞规,游标深度尺,量块,25—50外径千分尺,$R24$半径量规,$R10$半径量规,$R8$半径量规,M30×1.5螺纹环规。

典型轴类零件加工工装分析(二)(见附录2)

1. 工序1的第1步

设备:CKD6136数控车床。

夹具:三爪自定心卡盘,5♯莫氏活顶尖。

量具:50—75外径千分尺,25—50外径千分尺,0—200/0.02游标卡尺,量块,游标深度尺。

2. 工序1的第2步

设备:CKD6136数控车床。

夹具:三爪自定心卡盘,5♯莫氏活顶尖。

量具:50—75外径千分尺,25—50外径千分尺,0—200/0.02游标卡尺,量块,游标深度尺。

3. 工序1的第3步

设备:CKD6136数控车床。

夹具:三爪自定心卡盘,5♯莫氏活顶尖。

量具:椭圆标准样板。

4. 工序1的第4步

设备:CKD6136数控车床。

夹具:三爪自定心卡盘,5♯莫氏活顶尖。

量具:M30×1.5螺纹环规。

5. 工序2的第1步

设备:CKD6136数控车床。

夹具:三爪自定心卡盘。

量具:0—200/0.02游标卡尺,游标深度尺。

6. 工序2的第2步

设备:CKD6136数控车床。

夹具:三爪自定心卡盘,5♯莫氏活顶尖。

量具:50—75外径千分尺,25—50外径千分尺,0—200/0.02游标卡尺,$R2$半径量规,$R20$半径量规。

7. 工序2的第3步

设备:CKD6136数控车床。

夹具:三爪自定心卡盘,5♯莫氏活顶尖。

量具:50—75外径千分尺,25—50外径千分尺,0—200/0.02游标卡尺,$R2$半径量规,$R20$半径量规。

8. 工序2的第4步

设备：CKD6136数控车床。

夹具：三爪自定心卡盘。

量具：游标深度尺，内径千分尺。

9. 工序2的第5步

设备：CKD6136数控车床。

夹具：三爪自定心卡盘。

量具：游标深度尺，内径千分尺。

10. 综合检验

量具：50－75外径千分尺，25－50外径千分尺，0－200/0.02游标卡尺，量块，游标深度尺，内径千分尺，椭圆标准样板，M30×1.5螺纹环规。

任务二　典型套类零件加工工装分析（见附录3）

1. 工序1的第1步

设备：CKD6136数控车床。

夹具：三爪自定心卡盘。

量具：0－150mm游标卡尺。

2. 工序1的第2步

设备：CKD6136数控车床。

夹具：三爪自定心卡盘。

量具：50－75外径千分尺，R2半径量规，0－150游标卡尺。

3. 工序1的第3步

设备：CKD6136数控车床。

夹具：三爪自定心卡盘。

量具：50－75外径千分尺，R2半径量规，0－150游标卡尺。

4. 工序1的第4步

设备：CKD6136数控车床。

夹具：三爪自定心卡盘。

量具：内径千分尺，深度游标卡尺。

5. 工序1的第5步

设备：CKD6136数控车床。

夹具：三爪自定心卡盘。

量具：内径千分尺，深度游标卡尺。

6. 工序1的第6步

设备：CKD6136数控车床。

夹具：三爪自定心卡盘。

量具:M30×1.5－6H 螺纹塞规。

7. 工序 2 的第 1 步

设备:CKD6136 数控车床。

夹具:三爪自定心卡盘。

量具:0－150mm 游标卡尺。

8. 工序 2 的第 2 步

设备:CKD6136 数控车床。

夹具:三爪自定心卡盘。

量具:50－75 外径千分尺,R2 半径量规,R20 半径量规,0－150 游标卡尺。

9. 工序 2 的第 3 步

设备:CKD6136 数控车床。

夹具:三爪自定心卡盘。

量具:50－75 外径千分尺,R2 半径量规,R20 半径量规,0－150 游标卡尺。

10. 工序 2 的第 4 步

设备:CKD6136 数控车床。

夹具:三爪自定心卡盘。

11. 综合检验

量具:0－150mm 游标卡尺,50－75 外径千分尺,R2 半径量规,内径千分尺,深度游标卡尺,M30×1.5－6H 螺纹塞规,R20 半径量规。

任务三　汽车前减振器下销零件加工工装分析(见附录 4)

1. 工序 10

设备:C618 普通车床。

夹具:SZ200 三爪自定心卡盘。

量具:0－200/0.02 游标卡尺。

2. 工序 20

设备:C618 普通车床。

夹具:SZ200 三爪自定心卡盘。

量具:0－200/0.02 游标卡尺。

3. 工序 30

设备:CAK4085 数控车床。

夹具:钢碗,4♯莫氏活顶尖。

量具:0－150/0.02 游标卡尺,表面粗糙度比较样块。

4. 工序 40

设备:CAK4085 数控车床。

夹具:钢碗,4♯莫氏活顶尖。

量具:0-150/0.02 游标卡尺,表面粗糙度比较样块。

5. 工序 50

设备:CAK4085 数控车床。

夹具:钢碗,4♯莫氏活顶尖。

量具:0-150/0.02 游标卡尺,表面粗糙度比较样块,M18×1.5-6h 螺纹环规。

6. 工序 60

设备:CAK4085 数控车床。

夹具:钢碗,4♯莫氏活顶尖。

量具:0-25 外径千分尺,25-50 外径千分尺,0-150/0.02 游标卡尺,表面粗糙度比较样块,M18×1.5-6h 螺纹环规。

7. 工序 70

设备:WX62 铣床。

夹具:台虎钳。

量具:0-25,25-50 千分尺,0-150/0.02 游标卡尺。

8. 工序 80

设备:Z28-75 滚丝机。

夹具:V 形块。

量具:M18×1.5-6h 螺纹环规。

9. 工序 90

设备:Z28-75 滚丝机。

夹具:V 形块。

量具:M18×1.5-6h 螺纹环规。

10. 工序 100

量具:0-150/0.02 游标卡尺,0-200/0.02 游标卡尺,表面粗糙度比较样块,M18×1.5-6h 螺纹环规,0-25 外径千分尺,25-50 外径千分尺。

任务四　汽车转向节零件加工工装分析(见附录5)

1. 工序 10

设备:铣端面钻中心孔专用机床。

夹具:专用夹具。

量具:0-300/0.02 游标卡尺,表面粗糙度比较样块。

2. 工序 20

设备:铣端面钻中心孔专用机床 CK7520。

夹具:专用夹具,专用拨盘,专用固定顶尖,5♯莫氏活顶针。

量具:0-300/0.02 游标卡尺。

3. 工序 30

设备:CK7520 数控车床。

夹具：专用夹具，专用固定顶尖，4#莫氏活顶尖。

量具：0－200/0.02 游标卡尺，50－75 外径千分尺，$\phi 116_{-0.15}^{-0.05}$ 卡规，M36×1.5－6g 螺纹环规，半径样板(7－14)，表面粗糙度比较样块，25－50 外径千分尺。

4. 工序 40

设备：X334/2(X334/2T)立式双轴专用铣床。

夹具：铣夹具。

量具：0－300/0.02 游标卡尺。

5. 工序 50

设备：V500(VC500)立式加工中心。

夹具：法兰孔钻夹具。

量具：$\phi 14.3_{-0.1}^{+0.2}$ 塞规，$\phi 14.3_{0}^{+0.027}$ 塞规，$\phi 10.647_{0}^{+0.065}$ 塞规，0－300/0.02(Ⅱ)游标卡尺，表面粗糙度比较样块，位置度检具。

6. 工序 60

设备：YZJ663/YZJ1237 卧式专用铣床。

夹具：粗铣主销孔内外侧端面夹具。

工量具：0－300/0.02 游标卡尺，250×2#钳工扁锉。

7. 工序 70

设备：JQ－Z029 双头钻床。

夹具：钻夹具。

量具：0－200/0.02 游标卡尺。

8. 工序 80

设备：X333 单柱卧铣。

夹具：铣 1∶10 锥孔平面夹具。

量具：对刀塞尺，0－150/0.02 游标卡尺。

9. 工序 90

设备：JE－80－Ⅱ(JE－80)卧式加工中心。

夹具：转向节主销孔锥孔及平面加工夹具。

量具：底孔同轴度量具，0－200/0.02 游标卡尺，表面粗糙度比较样块，三坐标测量仪，三爪内径千分尺 40－50/0.005。

10. 工序 100

设备：X52K(XW5032)立铣。

夹具：铣键槽夹具。

量具：0－200/0.02 游标卡尺。

11. 工序 110

设备：Z3050X6/1 摇臂钻床。

夹具:4#莫氏快换夹头。

量具:0—150/0.02 游标卡尺,$22_0^{+0.12}$ 位置检具。

12. 工序 120

设备:ITO40 组合机床。

夹具:专用夹具。

量具:0—150/0.02 游标卡尺,$22_0^{+0.12}$ 位置度检具。

13. 工序 130

设备:ACE—V600 立式加工中心。

夹具:右转向节锥孔平面铣夹具,左转向节锥孔平面铣夹具。

量具:0—200/0.02 游标卡尺,$22_0^{+0.12}$ 位置检具,表面粗糙度比较样块。

14. 工序 140

设备:S4330 折臂式攻丝机,油嘴孔攻丝夹具。

夹具:攻丝夹具(M8—7H),攻丝夹头(3#莫氏)。

量具:螺纹塞规 M12×1.25—6H,螺纹塞规 M8—7H。

15. 工序 150

设备:ZKJ5140B 立式钻床。

夹具:主销孔倒角夹具。

量具:0—150/0.02 游标卡尺。

16. 工序 160

设备:Y41—10A 油压机。

夹具:垫铁。

工量具:主销衬套工具,压头。

17. 工序 170

设备:T7140A 双面金刚镗床。

夹具:金刚镗夹具。

量具:对刀辅具,三爪内径千分尺 35—40/0.005,同轴度量规,表面粗糙度比较样块,塞尺(100A13)。

18. 工序 180

设备:X334/1 单柱卧铣。

夹具:精铣夹具。

量具:垂直度检具(衬套孔),表面粗糙度比较样块,塞尺,100—125 外径千分尺,内径百分表(50—160/0.01)。

19. 工序 190

设备:CP100—C4 高频淬火机。

20. 工序 200

设备:R1—A—CNC 半自动数控外圆磨床。

夹具：专用固定顶尖，拨盘，托架。

量具：半径样板，表面粗糙度比较样块，杠杆千分尺(25－50/0.001)，φ600 外圆及端面专用砂轮，杠杆千分尺 50－75/0.001，砂轮隔套。

21．工序 210

设备：CEW－4000 磁粉探伤机。

22．工序 220

量具：25－50/0.001 杠杆千分尺，35－40/0.005 三爪内径千分尺，同轴度量规，垂直度检具(衬套孔)，塞尺(100A13)，$22_0^{+0.12}$ 位置检具，螺纹环规 M36×1.5－6g，螺纹塞规 M12×1.25－6H，螺纹塞规 M8－7H，表面粗糙度比较样块，50－75/0.001 杠杆千分尺，螺纹塞规 M10×1。

模块练习题

一、选择题

1．采用小锥度心轴定位的优点是靠楔紧产生的(　　)带动工件旋转。
   A．涨紧力　　　　　B．摩擦力　　　　　C．离心力　　　　　D．向心力

2．只有在(　　)精度很高时，重复定位才允许采用。
   A．设计　　　B．定位基准和定位元件　　　C．加工　　　　　D．测量

3．采用毛坯面作定位基准时，应选用误差较小，较光洁，余量最小且与(　　)有直接联系的表面，以利于保证工件加精度。
   A．已加工面　　　B．加工面　　　　C．不加工面　　　　D．以上全是

4．车削加工应尽可能用工件(　　)定位基准。
   A．已加工表面　　B．过渡表面　　　C．不加工表面　　　D．待加工表面

5．必须保证所有加工表面都有足够的加工余量，保证工件加工表面和不加工表面之间具有一定的位置精度，两个基本要求的基准称为(　　)。
   A．精基准　　　　B．粗基准　　　　C．工艺基准　　　　D．设计基准

6．由于定位基准和设计基准不重合而产生的加工误差，称为(　　)。
   A．基准误差　　B．基准位移误差　　C．基准不重合误差　　D．基准偏差

7．如果设计要求夹具安装在主轴上，那么(　　)。
   A．夹具和主轴一起旋转　　　　　　B．夹具独自旋转
   C．夹具做直线进给运动　　　　　　D．夹具不动

8．选用精基准的表面安排在(　　)工序进行。
   A．起始　　　　　B．中间　　　　　C．最后　　　　　D．任意

9．被加工表面与(　　)平行的工件适用在花盘角铁上装夹加工。
   A．安装面　　　　B．测量面　　　　C．定位面　　　　D．基准面

10．装夹(　　)时，夹紧力的作用点应尽量靠近加工表面。
    A．箱体零件　　　B．细长轴　　　　C．深孔　　　　　D．盘类零件

11. 用心轴装夹车削套类工件,如果心轴中心孔精度低,车出的工件会产生( )误差。
    A. 同轴度、垂直度   B. 圆柱度、圆度
    C. 尺寸精度、同轴度   D. 表面粗糙度大、同轴度

12. 工件的定位是使工件( )基准获得确定位置。
    A. 工序   B. 测量   C. 定位   D. 辅助

13. 待加工表面的工序基准和设计基准( )。
    A. 肯定相同   B. 一定不同   C. 可能重合   D. 不可能重合

14. 一般情况下,短而复杂且偏心距不大或精度要求不高的偏心工件可用( )装夹。
    A. 三爪自定心卡盘   B. 两顶尖   C. 双重卡盘   D. 四爪单动卡盘

15. 车床夹具以主轴锥孔定位时( )。
    A. 定位精度高,刚度低   B. 定位精度低,刚度高
    C. 定位精度高,刚度高   D. 定位精度低,刚度低

16. 精密丝杠加工时的定位基准面是( )为保证精密丝杠的精度,必须在加工过程中保证定位基准的质量。
    A. 外圆和端面   B. 端面和中心孔   C. 中心孔和外圆   D. 外圆和轴肩

17. 从加工工种来看,组合夹具( )。
    A. 适用车   B. 仅适用钻
    C. 仅适用检验   D. 适用于大部分机加工种

18. 在数控车削加工中,如果工件为回转体,并且需要进行二次装夹,应采用( )装夹。
    A. 三爪硬爪卡盘   B. 四爪硬爪卡盘
    C. 三爪软爪卡盘   D. 四爪软爪卡盘

19. 以下不属于三爪卡盘装夹特点的是( )。
    A. 找正方便   B. 夹紧力大   C. 装夹效率高   D. 通用性强

二、判断题

1. 工件的装夹次数越多,引起的误差就越大,所以在同一道工序中,应尽量减少工件的安装次数。( )
2. 工件的定位和夹紧称为工件的装夹。( )
3. 装夹工件时,工件不宜伸出太长,否则将影响工件的刚性。( )
4. 一次装夹中,要尽可能完成所有能够加工的内容。( )
5. 小锥度心轴定心精度高,轴向定位好。( )
6. 加工同轴度要求高的轴工件时,用双顶尖的装夹方法。( )
7. 加工单件时,为保证较高的形位精度,在一次装夹中完成全部加工为宜。( )
8. 在机械加工中,采用设计基准作为定位基准称为符合基准统一原则。( )

三、简答题

1. 数控车床的定位原理是什么？针对不同切削情况，如何选用合适的夹具？

2. 数控车床加工中的粗基准和精基准选择原则是什么？以一个工件为例，试分析如何得到粗基准和精基准。

3. 常用的定位元件有哪些？各有什么特点？应用情况如何？

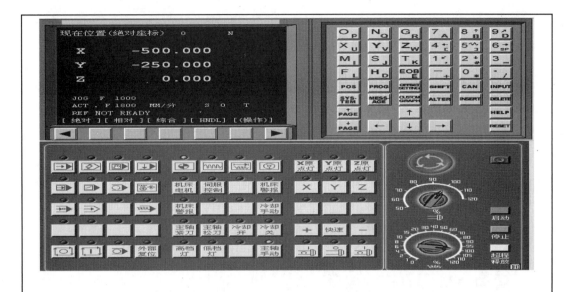

模块五

数控车床操作面板介绍

> 知识目标

1. 了解计算机仿真加工系统的进入方法。
2. 了解选择机床类型的方法。
3. 了解 FANUC0 系统 MDI 面板、MDI 面板各键功能及标准面板功能。
4. 掌握 FANUC0i 系统 MDI 面板、MDI 面板各键功能及标准面板功能。
5. 掌握激活机床、机床回参考点的方法。
6. 掌握工件的使用、定义毛坯、放置零件及调整零件位置的方法。
7. 掌握选择刀具的方法。

> 技能目标

1. 熟悉 FANUC0i 系统 MDI 面板。
2. 熟悉 FANUC0i 系统 MDI 面板各键功能。
3. 熟悉 FANUC0i 系统控制面板各键功能。

5.1　计算机仿真加工系统的进入

鼠标左键点击"开始"按钮,在"程序"目录中弹出"数控加工仿真系统"的子目录,在弹出的下级子目录中点击"加密锁管理程序",如图 5-1 所示。

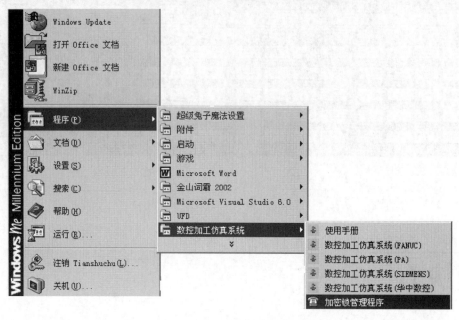

图 5-1　启动加密锁管理程序

加密锁程序启动后,屏幕右下方工具栏中出现 的图表,此时重复上面的步骤,在最后弹出的目录中点击"数控加工仿真系统"(学生机器系统只需要运行后者),如图 5-2 所示。

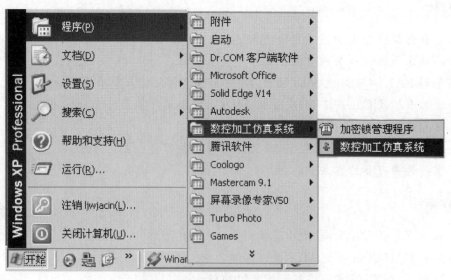

图 5-2　启动数控加工仿真系统

模块五 数控车床操作面板介绍

系统弹出"用户登录"界面,如图 5-3 所示。点击"快速登录"按钮或输入用户名和密码,再点击"登录"按钮,进入数控加工仿真系统。

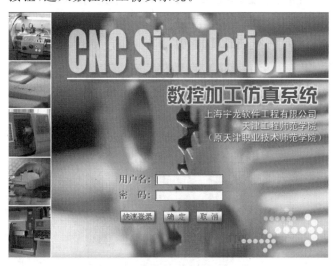

图 5-3 用户登录界面

5.2 选择机床类型

打开菜单"机床/选择机床…",在选择机床对话框中选择控制系统类型和相应的机床,并按确定按钮,或点击 图标,此时界面如图 5-4 所示。

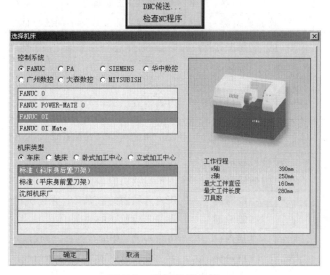

图 5-4 选择机床类型

5.3 部分面板按键功能说明(FANUC)

5.3.1 FANUC0 系统 MDI 面板

图 5-5 FANUC0 系统 MDI 面板

表 5-1 FANUC0 系统 MDI 面板各键功能说明表

键	名称		功能说明
RESET	复位键		按下此键,复位 CNC 系统,包括取消报警、主轴故障复位、中途退出自动操作循环和输入、输出过程等。
OUTPUT START	输出启动键		按下此键,CNC 开始输出内存中的参数或程序到外部设备。
	地址和数字键		按下这些键,输入字母、数字和其他字符。
INPUT	输入键		除程序编辑方式以外的情况,当面板上按下一个字母或数字键以后,必须按下此键才能输入到 CNC 内。另外,与外部设备通信时,按下此键,才能启动输入设备,开始输入数据到 CNC 内。
CURSOR	光标移动键		用于在 CRT 页面上,移动当前光标。
PAGE	页面变换键		用于 CRT 屏幕选择不同的页面。
POS	页面切换键	位置显示键	在 CRT 上显示机床当前的坐标位置。
PRGRM		程序键	在编辑方式,编辑和显示在内存中的程序。在 MDI 方式,输入和显示 MDI 数据。
MENU OF SET		参数设置键	刀具偏置数值和宏程序变量的显示的设定。
DGNOS PARAM		自诊断的参数键	设定和显示参数表及自诊表的内容。*
OPR ALARM		报警号显示键	按此键显示报警号。*
AUX GRAPH		辅助图形	图形显示功能,用于显示加工轨迹。
ALTER	编辑键	改写键	用输入域内的数据替代光标所在的数据。
DELET		删除键	删除光标所在的数据。
INSRT		插入键	将输入域之中的数据插入到当前光标之后的位置上。
CAN		取消键	取消输入域内的数据。
EOB		回车换行键	结束一行程序的输入并且换行。

注:* 表示尚未开发的功能键

表 5-2 FANUC0 系统车床标准面板功能说明表

按钮		名称	功能说明
MODE	EDIT	编辑模式	用于直接通过操作面板输入数控程序和编辑程序。
	AUTO	自动模式	进入自动加工模式。
	REF	回零模式	机床回零;机床必须首先执行回零操作,然后才可以运行。
	MDI	MDI 模式	单程序段执行模式。
	STEP/HANDLE	单步/手轮方式	手动方式,"STEP"是点动,"HANDLE"是手轮移动。
	JOG	手动方式	手动方式,连续移动。
	DRY RUN	空运行模式	按照机床默认的参数执行程序。
	DNC	DNC 模式	从计算机读取一个数控程序。
运行控制按钮	START	循环启动	程序运行开始;模式选择旋钮在"AUTO"或"MDI"位置时按下有效,其余模式下使用无效。
	HOLD	进给保持	程序运行暂停,在程序运行过程中,按下此按钮运行暂停。按"START"按钮恢复运行。
	STOP	停止运行	程序运行停止,在数控程序运行中,按下此按钮停止程序运行。
SINGLE BLOCK		单步开关	置于"ON"位置,运行程序时每次执行一条数控指令。
OPT SKIP		选择跳过开关	置于"ON"位置,数控程序中的跳过符号"/"有效。
M01 STOP		M01 开关	置于"ON"位置,"M01"代码有效。
EMERGENCY STOP		急停按钮	按下急停按钮,使机床移动立即停止,并且所有的输出如主轴的转动等都会关闭。
SPINDLE	START	主轴转动	按下此按钮主轴开始转动。
	STOP	主轴停止	按下此按钮主轴停止转动。
FEEDRATE OVERRIDE		进给速度调节旋钮	调节数控程序自动运行时的进给速度倍率,调节范围为 0~150%。置光标于旋钮上,点击鼠标左键,旋钮逆时针转动;点击鼠标右键,旋钮顺时针转动。
AXIS		移动轴选择旋钮	置光标于旋钮上,点击鼠标左键,旋钮逆时针转动;点击鼠标右键,旋钮顺时针转动。

续上表

按钮	名称	功能说明
JOG FEEDRATE OVERRIDE	连续移动速率调节旋钮	调节手动（点动）移动台面的速度，速度调节范围为 0～2000mm/min。
	进给量选择旋钮	在手动方式或手轮方式下的移动量；×1、×10、×100 分别代表移动量为 0.001mm、0.01mm、0.1mm。
JOG	移动按钮	此组按钮在模式选择旋钮处在"STEP/HANDLE"或"JOG"位置有效。 表示正方向移动按钮； 表示负方向移动按钮。

5.3.2 FANUC0i 系统 MDI 面板

图 5-6 FANUC0i 系统 MDI 面板

表 5-3 FANUC0i 系统 MDI 面板各键功能说明表

按键	名称	功能说明
RESET	复位键	按下此键，复位 CNC 系统，包括取消报警、主轴故障复位、中途退出自动操作循环和输入、输出过程等。
	地址和数字键	按下这些键，输入字母、数字和其他字符。
INPUT	输入键	除程序编辑方式以外的情况，当面板上按下一个字母或数字键以后，必须按下此键才输入 CNC 内。另外，与外部设备通信时，按下此键，才能启动输入设备，开始输入数据到 CNC 内。
CURSOR	光标移动键	用于 CRT 页面，移动当前光标。
PAGE	页面变换键	用于 CRT 屏幕选择不同的页面。
POS	位置显示键	在 CRT 上显示机床当前的坐标位置。

模块五 数控车床操作面板介绍

续上表

按　　键	名　　称	功　能　说　明
PROG	程序键	在编辑方式,编辑和显示系统的程序;在 MDI 方式,输入和显示 MDI 数据。
OFFSET SETTING	参数设置	刀具偏置数值和宏程序变量的显示的设定。
DGNOS PRARM	自诊断的参数键	设定和显示参数表及自诊表的内容。
OPRALARM	报警号显示键	按此键显示报警号。
CUSTOM GRAPH	辅助图形	图形显示功能,用于显示加工轨迹。
SYSTEM	参数信息键	显示系统参数信息。
MESSAGE	错误信息键	显示系统错误信息。
ALTER	编辑键 替代键	用输入域内的数据替代光标所在的数据。
DELET	删除键	删除光标所在的数据。
INSRT	插入键	将输入域之中的数据插入到当前光标之后的位置。
CAN	取消键	取消输入域内的数据。
EOB	回车换行键	结束一行程序的输入并且换行。

5.4 机床准备

5.4.1 激活机床

(1)点击启动按钮 ▨,此时机床电机和伺服控制的指示灯变亮 ▨。

(2)检查急停按钮是否松开至 ▨ 状态,若未松开,点击急停按钮 ▨,将其松开。

5.4.2 机床回参考点

(1)检查操作面板上回原点指示灯 ▨ 是否变亮,若指示灯变亮,则已进入回原点模式;若指示灯不亮,则点击 ▨ 按钮,转入回原点模式。

(2)在回原点模式下,先将 X 轴回原点。点击操作面板上的 ▨ 按钮,使 X 轴方向移动指示灯变亮 ▨,点击 ▨ 按钮,此时 X 轴将回原点,X 轴回原点灯变亮 ▨,CRT 上的 X 坐标变为"0.000"(车床变为 390.00)。同样,再分别点击 Y 轴、Z 轴方向移动按钮 ▨、▨,使指示灯变亮,点击 ▨ 按钮,此时 Y 轴、Z 轴将回原点,Y 轴、Z 轴回原点灯变亮,。此时 CRT 界面如图 5-7 所示。

图 5-7　返回机床参考点

5.5　工件的使用

5.5.1　定义毛坯

打开菜单"零件/定义毛坯"或在工具条上选择" ⌂ ",系统打开如图 5-8 所示对话框。

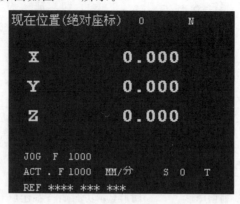

1. 名字输入

在毛坯名字输入框内输入毛坯名,也可使用缺省值。

2. 选择毛坯形状

铣床、加工中心有两种形状的毛坯供选择:长方形毛坯和圆柱形毛坯。可以在"形状"下拉列表中选择毛坯形状。车床仅提供圆柱形毛坯。

3. 选择毛坯材料

毛坯材料列表框中提供了多种供加工的毛坯材料,也可根据需要在"材料"下拉列表中选择毛坯材料。

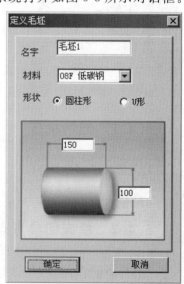

4. 参数输入

尺寸输入框用于输入尺寸,单位:mm。

5. 保存退出

按"确定"按钮,保存定义的毛坯并且退出本操作。

图 5-8　毛坯定义

6. 取消退出

按"取消"按钮,退出本操作。

5.5.2　放置零件

打开菜单"零件/放置零件"命令或者在工具条上选择图标 ⌂ ,系统弹出操作对话框。如图 5-9 所示。

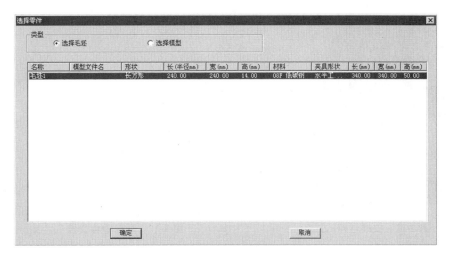

图 5-9 选择零件毛坯

在列表中点击所需的零件,选中的零件信息加亮显示,按下"确定"按钮,系统自动关闭对话框,零件和夹具(如果已经选择了夹具)将被放到机床上。对于卧式加工中心还可以在上述对话框中选择是否使用角尺板。如果选择了使用角尺板,那么在放置零件时,角尺板同时出现在机床台面上。

经过"导入零件模型"的操作,对话框的零件列表中会显示模型文件名。若在类型列表中选择"选择模型",则可以选择导入零件模型文件,如图 5-10 所示。

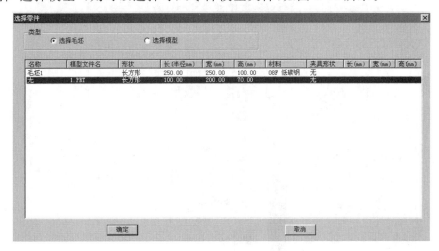

图 5-10 导入零件模型

选择后零件模型则经过部分加工的成型毛坯被放置在机床台面上,如图 5-11 所示。

5.5.3 调整零件位置

零件可以在工作台面上移动。毛坯放上工作台后,系统将自动弹出一个小键盘,数控车床的零件位置的调整如图 5-12 所示。通过按动小键盘上的方向按钮,实现零件的平移、旋转或车床零件调头。小键盘上的"退出"按钮用于关闭小键盘。选择菜单"零件/移动零件"也可以打开小键盘。

图 5-11 安装零件

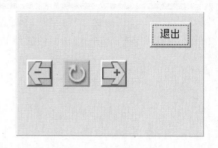

图 5-12 调整零件位置

5.6 选择刀具

打开菜单"机床/选择刀具"或在工具条中选择" ",系统弹出刀具选择对话框。系统中数控车床允许同时安装 8 把刀具,对话框如图 5-13 所示。

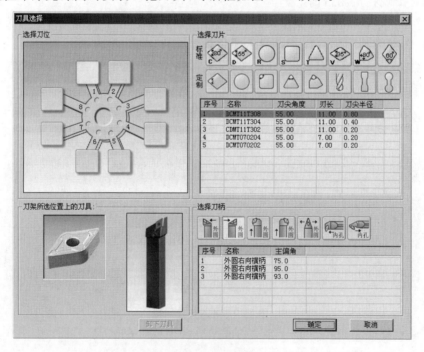

图 5-13 车刀选择对话框

1. 选择车刀

(1)在对话框左侧排列的编号 1~8 中,选择所需的刀位号。刀位号即车床刀架上的位置编号。被选中的刀位编号的背景颜色变为蓝色。

(2)指定加工方式,可选择内圆加工或外圆加工。

(3)在刀片列表框中选择了所需的刀片后,系统自动给出相匹配的刀柄供选择。

(4)选择刀柄。当刀片和刀柄选择完毕,刀具被确定,并且输入到所选的刀位中。旁边的图片显示其适用的方式。

2.刀尖半径

显示刀尖半径,允许操作者修改刀尖半径,刀尖半径可以是 0,单位:mm。

3.刀具长度

显示刀具长度,允许修改刀具长度。刀具长度是指从刀尖开始到刀架的距离。

4.输入钻头直径

当在刀片中选择钻头时,"钻头直径"一栏变亮,允许输入直径。

5.删除当前刀具

在当前选中的刀位号中的刀具可通过"删除当前刀具"键删除。

6.确认选刀

选择完刀具,完成刀尖半径(钻头直径)、刀具长度修改后,按"确认退出"键完成选刀。或者按"取消退出"键退出选刀操作。

实训任务　汽车典型零件加工准备

任务一　典型轴类零件加工准备(一)(见附录1)

1.机床

(1)选择机床类型。

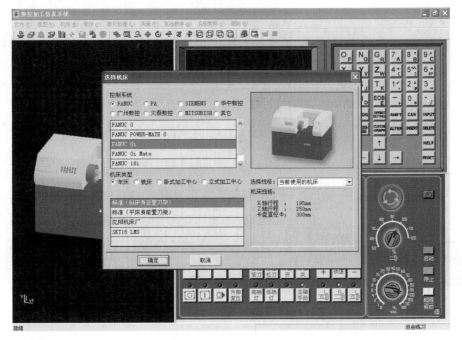

(2)激活机床。

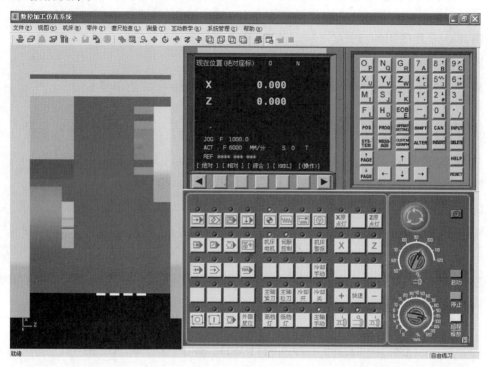

(3)机床回参考点。

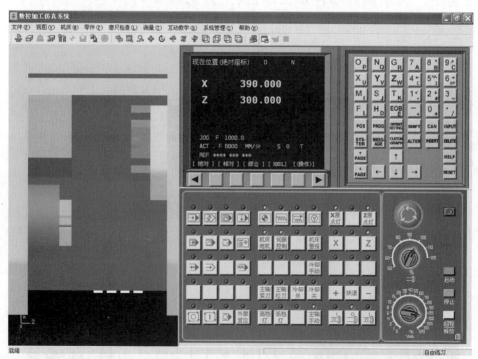

2. 毛坯

(1) 定义毛坯。

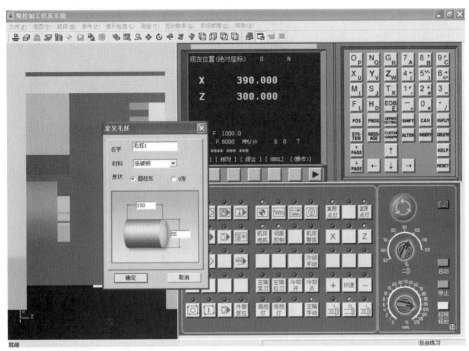

(2) 放置零件。

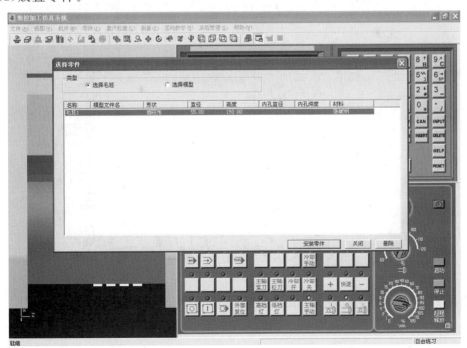

(3)调整零件位置。

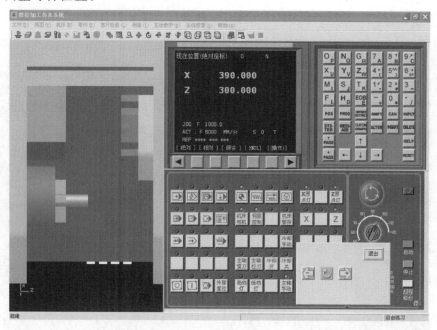

3. 选择刀具

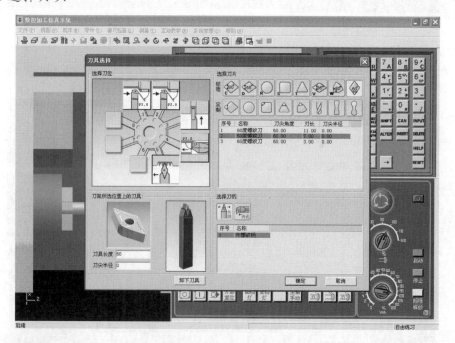

典型轴类零件加工准备(二)(见附录2)

1. 机床

(1)选择机床类型:同上。

(2)机床准备:同上。

模块五 数控车床操作面板介绍

(3)激活机床:同上。
(4)机床回参考点:同上。

2. 毛坯

(1)定义毛坯。

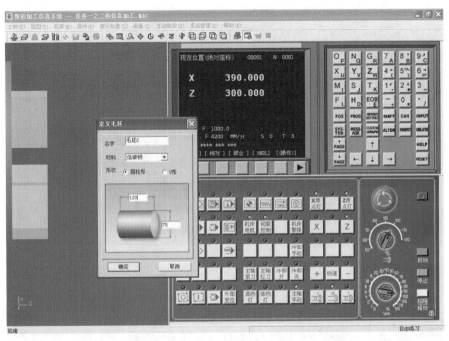

(2)放置零件。

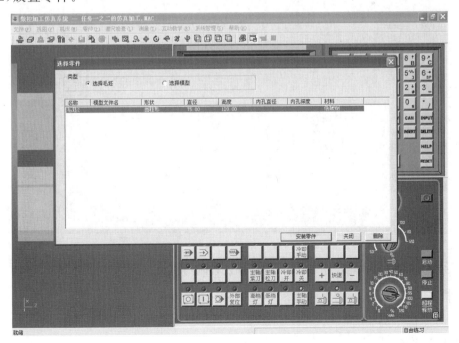

(3) 调整零件位置。

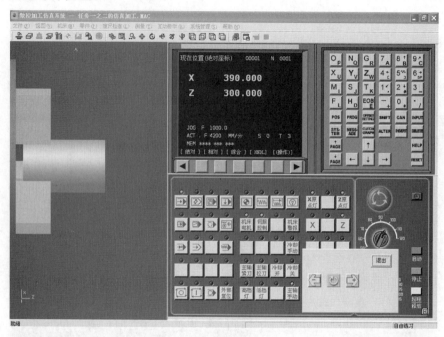

3. 选择刀具

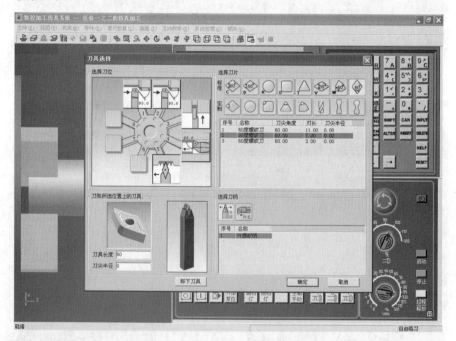

任务二 典型套类零件加工准备(见附录3)

1. 机床

(1) 选择机床类型:同上。

(2) 机床准备:同上。

(3)激活机床:同上。
(4)机床回参考点:同上。

2. 毛坯

(1)定义毛坯。

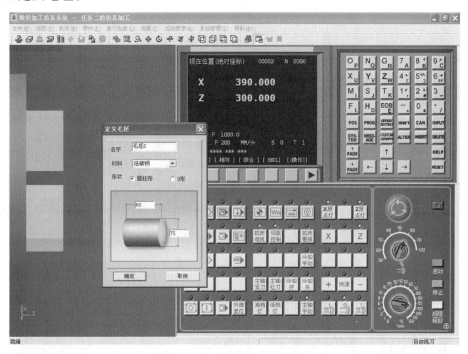

(2)放置零件。

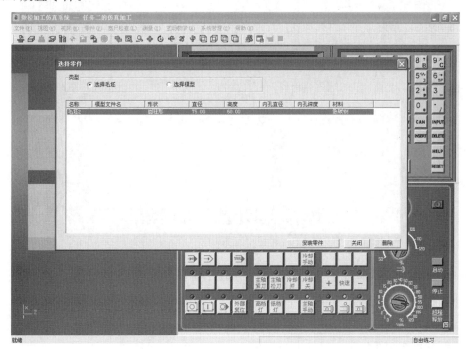

(3)调整零件位置。

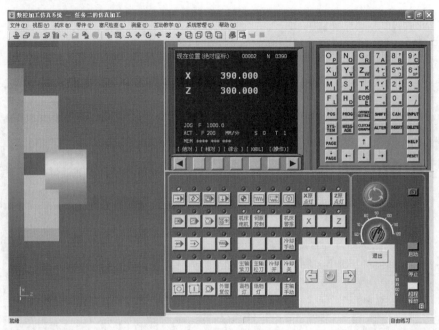

3. 选择刀具

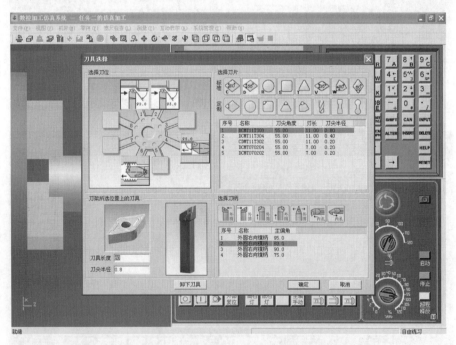

任务三 汽车前减振器下销零件加工准备(见附录4)

1. 机床

(1)选择机床类型:同上。

(2)机床准备:同上。

模块五 数控车床操作面板介绍

(3)激活机床:同上。

(4)机床回参考点:同上。

2. 毛坯

(1)定义毛坯。

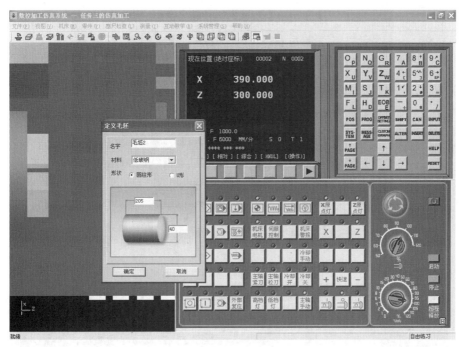

(2)放置零件。

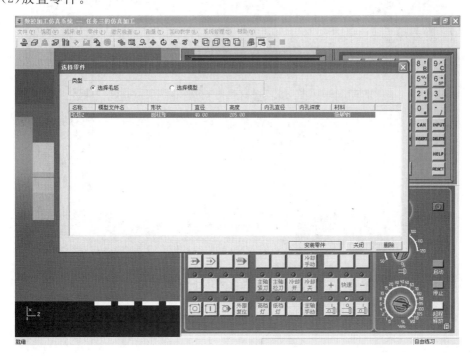

(3)调整零件位置。

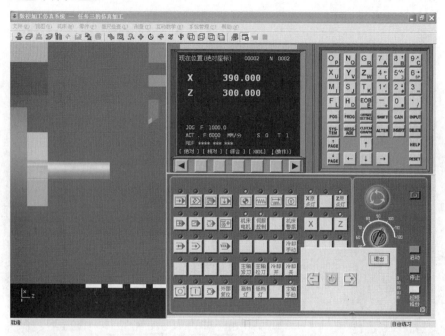

3. 选择刀具

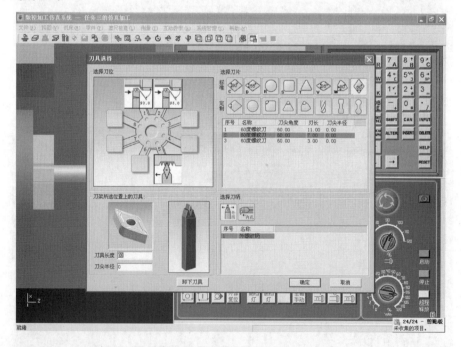

任务四 汽车转向节零件加工准备(见附录5)

1. 机床

(1)选择机床类型:同上。

(2)机床准备:同上。

(3)激活机床:同上。

(4)机床回参考点:同上。

2.毛坯

(1)定义毛坯。

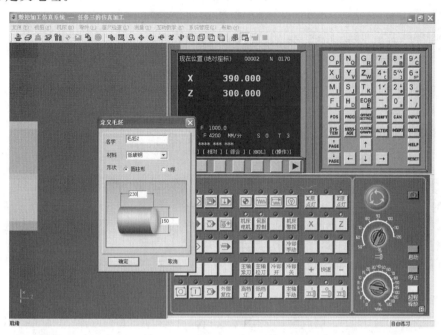

(2)放置零件。

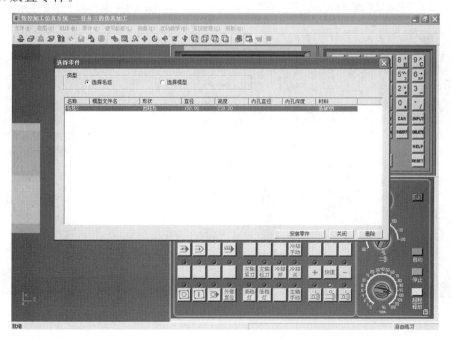

(3)调整零件位置。

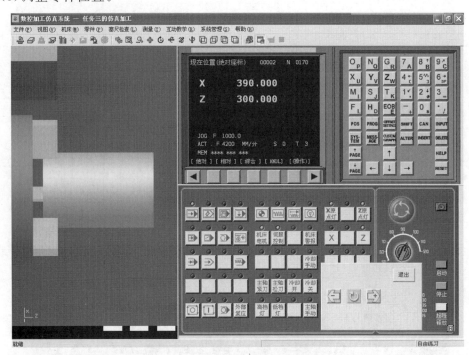

3. 选择刀具

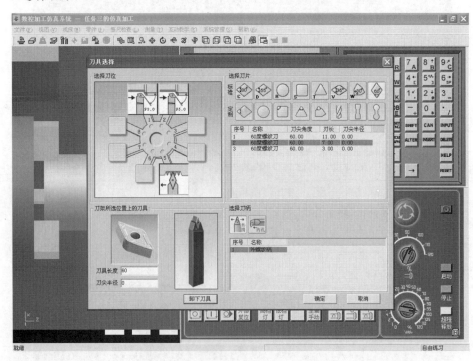

模块练习题

一、选择题

1. 不同机型的机床操作面板和外形结构（　　）。
   A. 是相同的　　　　B. 有所不同　　　　C. 完全不同　　　　D. 无正确答案

2. (FANUC 系统)G28 表示（　　）的指令。
   A. 返回第一参考点　　　　　　　　　　B. 返回第二参考点
   C. 返回工件坐标系的零点　　　　　　　D. 返回第三参考点

3. DELET 键用于（　　）已编辑的程序或内容。
   A. 插入　　　　　B. 修改　　　　　C. 删除　　　　　D. 取消

4. 在下列的（　　）操作中，不能建立机械坐标系。
   A. 复位　　　　　　　　　　　　　　　B. 原点复位
   C. 手动返回参考点　　　　　　　　　　D. G28 指令

5. INSRT 键用于编辑新的程序或（　　）新的程序内容。
   A. 插入　　　　　B. 修改　　　　　C. 更换　　　　　D. 删

6. INPUT 键表示将输入的信息从缓存器设置到（　　）。
   A. 存储器　　　　B. 硬盘　　　　　C. 偏置寄存器　　　D. 软盘

7. 回参考点检验的指令为（　　）。
   A. G27　　　　　B. G28　　　　　C. G29　　　　　D. G50

8. 数控机床的"回零"操作是指回到（　　）。
   A. 对刀点　　　　B. 换刀点　　　　C. 机床的零点　　　D. 编程原点

9. 数控机床的参考点与机床坐标系原点从概念上讲（　　）。开机时进行的回参考点操作，其目的是（　　）。
   A. 不是一个点/建立工件坐标系　　　　B. 是一个点/建立工件坐标系
   C. 是一个点/建立机床坐标系　　　　　D. 不是一个点/建立机床坐标系

10. 数控加工中心 FANUC 系统中，M00 与 M01 最大的区别是（　　）。
    A. M00 可用于计划停止，而 M01 不能
    B. M01 可以使切削液停止，M00 不能
    C. M01 要配合面板上的"选择停止"使用，而 M00 不用配合
    D. M00 要配合面板上的"选择停止"使用，而 M01 不用配合

11. 参考点与机床原点的相对位置由 Z 向 X 向的（　　）挡块来确定。
    A. 测量　　　　　B. 电动　　　　　C. 液压　　　　　D. 机械

12. 某个程序在运行过程中，数控系统出现"软限位开关超程"报警，这属于（　　）。
    A. 程序错误报警　　　　　　　　　　B. 操作报警
    C. 驱动报警　　　　　　　　　　　　D. 系统错误报警

13. 数控机床面板上"JOG"是指（　　）。
    A. 快进　　　　　B. 点动　　　　　C. 自动　　　　　D. 暂停

14. 数控车床的开机操作步骤应该是（　　）。

A. 开电源,开急停开关,开 CNC 系统电源
B. 开电源,开 CNC 系统电源,开急停开关
C. 开 CNC 系统电源,开电源,开急停开关
D. 都不对

15. 以下( )指令,在使用时应按下面板"暂停"开关,才能实现程序暂停。
   A. M01　　　　B. M00　　　　C. M02　　　　D. M06

16. 数控机床面板上"AUTO"是指( )。
   A. 快进　　　　B. 点动　　　　C. 自动　　　　D. 暂停

17. 程序的修改步骤,应该是将光标移至要修改处,输入新的内容,然后按( )键即可。
   A. 插入　　　　B. 删除　　　　C. 替代　　　　D. 复位

18. 数控车床 X 轴对刀时,若工件直径车一刀后,测得直径值为 20.030mm,应通过面板输入 X 值为( )。
   A. X20.030　　B. X－20.030　　C. X10.015　　D. X－10.015

19. 机床"快动"方式下,机床移动速度 F 应由( )确定。
   A. 程序指定　　　　　　　　　B. 面板上进给速度修调按钮
   C. 机床系统内定　　　　　　　D. 都不是

20. 当数控机床的手动脉冲发生器的选择开关位置在×100 时,手轮的进给单位是( )。
   A. 0.1mm/格　　B. 0.001mm/格　　C. 0.01mm/格　　D. 1mm/格

二、判断题

1. 操作立式车床时只能在主传动机构停止运转后测量工件。　　　　　　(　)
2. 数控机床坐标系可根据操作者的操作水平高低进行变动。　　　　　　(　)
3. 数控机床操作面板上有倍率修调开关,操作人员加工时可随意调节主轴或进给速度的倍率。　　　　　　　　　　　　　　　　　　　　　　　　(　)
4. 系统操作面板上单段执行的功能为每按一次循环启动键,执行一个程序段。
　　　　　　　　　　　　　　　　　　　　　　　　　　　　　　　(　)

模块六

数控车床基本编程方法

知识目标

1. 了解数控编程的分类、特点和数控编程的内容、步骤。
2. 了解数控程序基础知识。
3. 熟悉 FANUC0i 数控车床常用编程指令表。
4. 掌握数控系统功能和编程规则。
5. 掌握常用指令和编程方法。
6. 掌握编写编程任务书和数控加工程序单的方法。

技能目标

1. 正确编写典型轴类零件的精加工程序段。
2. 正确编写典型套类零件的精加工程序段。
3. 正确编写汽车前减振器下销零件的精加工程序段。
4. 正确编写汽车转向节零件的精加工程序段。

6.1 数控车床编程概述

6.1.1 数控编程的分类

1. 手工编程

手工编程就是上面讲到的编程的步骤,即从分析图样、数值计算、编写程序单、制备控制介质到首件试切程序校验都由人工完成。

对于加工形状简单的零件,计算比较简单,程序不多,采用手工编程较容易完成,而且经济、快捷,因此在定点位加工及由直线与圆弧组成的轮廓加工中,手工编程仍广泛应用。但对于形状复杂的零件,特别是具有非圆曲线、列表曲线及曲面的零件,用手工编程就有一定的困难,出错几率增大,有的甚至无法编出程序,因此必须用自动编程的方法编制程序。

2. 自动编程

自动编程即用计算机编制数控加工程序的过程。编程人员只需根据图样的要求,使用数控语言编写出零件加工源程序,送入计算机自动地进行数值计算、后置处理,编写出零件加工程序单,直至自动穿出数控加工纸带,或将加工程序通过直接通信的方式送入数控机床,指挥机床工作。自动编程的出现使得一些计算繁琐、手工编制困难或无法编出的程序能够实现。因此,自动编程的前景是非常广阔的。

6.1.2 数控车床的编程特点

1. 加工程序的概念

数字控制机械是依据程序来控制其加工运转动作的。当使用数控机械执行零件加工时,首先须把加工路径和加工条件转换为程序,这种程序称为加工程序或零件程序。

在加工计划中,必须考虑以下几个要素:确定数控机械加工范围,选用适合的数控机械;确定工件夹持方法,并选择所需要的刀具与夹具;确定加工顺序和刀具切削路径;确定切削条件,如主轴回转速度(S)、切削进给速度(F)、切削液等。

零件程序依照加工计划,依据排列的指令群来规划刀具路径,编写成程序单。程序单上的加工程序,可经由按键、穿孔纸带、PC 等方式将程序输入控制器的记忆体内。

2. 数控车床的编程特点

(1)一般准备功能用 G50 完成工件坐标系。

(2)一个程序段中,根据图样上标注的尺寸,可以采用绝对值编程(X、Z)、增量值编程(U、W)或两者混合编程。

(3)由于被加工零件的径向尺寸在图样的标注和测量时都是以直径值表示,所以,直径方向用绝对值编程时,X 以直径值表示;用增量值编程时,以径向实际位移量的 2 倍值表示,并带上方向符号。

(4)为了提高工件的径向尺寸精度,X 向的脉冲当量取 Z 向的一半。

(5)由于车削加工常用棒料或锻料作为毛坯,加工余量大,为简化编程,数控装置常具有多次重复循环切削功能。

(6)为提高工件的加工精度,当编制圆头刀程序时,需要对刀具半径进行补偿。大多数数控车床具备刀具半径自动补偿功能(G41、G42),可以直接按工件轮廓尺寸编程。对不具备刀具半径自动补偿功能的数控车床,编程时需要先计算补偿量值。

6.1.3 数控车床编程的内容与步骤

1. 数控编程的内容

数控编程的主要内容有分析零件图样、确定加工工艺过程、数值计算、编写零件加工程序、制备控制介质、校对程序及首件试切。

2. 数控编程的步骤

数控编程的一般步骤如图 6-1 所示。

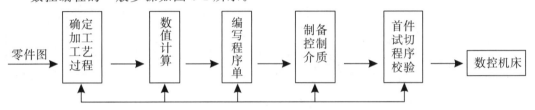

图 6-1 数控编程的步骤

从以上内容来看,作为一名编程人员,不但要熟悉数控机床的结构、数控系统的功能及标准,而且还必须是一名好的工艺人员,要熟悉零件的加工工艺、装夹方法、刀具、切削用量的选择等知识。

6.2 数控程序基础知识

6.2.1 加工程序的结构(GB8870—88 标准)

加工程序主要由程序号、程序段和程序结束等组成。在加工程序的开头要有程序号,以便进行程序检索。程序号就是给零件加工程序一个编号,并说明该零件加工程序开始。常用字符"O"(大写字母 O)及其后 4 位十进制数表示程序号,如"O1001"。由程序段组成加工程序的全部内容和机床的停/开信息。程序结束可用辅助功能代码 M02、M30 或 M99(子程序结束),用来结束零件加工。

若加工程序以纸带形式输入,那么数控带上的信息由带头、程序开始、程序部分、注释部分、结束部分等部分组成。在程序开始符 O 之前的信息称为带头。这部分是纸带标志信息,在阅读机阅读时被跳读,并且不进行奇偶校验,可用孔列组成各种字母或标志,供操作者用于识别纸带。在带头部分之后为程序开始符 O,用于指示程序开始。程序部分是数控带的有效部分,包括全部程序内容和机床操作的有关信息。程序号 O××××应置于第一个程序段之前。注释部分用来注释说明。在控制暂停(左圆括号)和控制恢复(右圆括号)之间的信息是注释。这部分信息虽然被阅读机阅读,但数控系统不予处理,也不进行奇偶校验。在规定进行垂直校验时,注释部分要进行垂直校验。用"("表示注释开始,")"表示注释结束,圆括号内"测量工件……"的注释用来提醒操作者进行工件测量。

如:N100 G00 X__LF(测量工件……)
　　N101 G01 X__LF

6.2.2 程序段的格式

加工程序由程序段组成。程序段由程序段号、若干个数据字和程序段结束字符构成。数据字由地址字符和数字(或代码)构成,基本上可分为尺寸字和非尺寸字。所用的符号和地址字符应符合国标的规定,其含义见表 6-1。

表 6-1 程序段格式中所用符号含义表

符号	意义	位置 (JB3050—82)	符号	意义	位置 (JB3050—82)
HT 或 TAB	分隔符	0/9	—	负号	2/13
LF 或 NL 或;	程序段结束	0/10	/	跳过任选程序段	2/15
O	程序开始和结束	2/5	:	对准功能	3/10
(	控制暂停	2/8	BS	返回	0/8
)	控制恢复	2/9	EM	纸带终了	1/9
+	正号	2/11	DEL	注销	7/15

在尺寸字中,地址后面是表示运动方向的符号("+"或"-")和表示坐标值及距离的十进制数。尺寸字地址字符有:X、Y、Z、U、V、W、P、Q、R、I、J、K、A、B、C、D、E。非尺寸字的地址字符有:N、G、F、S、T、M 等。

程序段中字、字符和数据的安排形式的规则称为程序段格式(block format)。目前国内外都广泛采用字地址可变程序段格式。所谓字地址可变程序段格式,就是在一个程序段内数据字的数目以及字的长度(位数)都是可以变化格式。

数控机床用"详细格式分类"来规定程序编制的细节,规定程序编制所采用的字符、程序段中数据字的顺序及其长度等。程序开用"O"字符表示;对准功能用":"表示;跳过任选程序段用"/"表示;显小数点用"DS"表示;程序段结束用"＊"或 LF 表示等。尺寸字的地址字符后跟三位数字,第一个零表示可省略数据的前零,第二位数字表示小数点前的十进制位数,最后一位数字表示小数点后的十进制位数。如果要求代数符号时,则"+"或"-"应加在地址字符和第一个数字之间。插补参数、进给和主轴速度功能等非尺寸数字,可用与尺寸字同样的方式编码。其他非尺寸字,在地址字符后可用两位数字表示。如果某个条件的变化改变了字的详细格式分类,则应根据条件说明其变化。

6.2.3 数控车床的加工坐标系的确定

数控机床的坐标轴命名和运动方向的规定,是一个十分重要的问题。数控机床的设计者、操作者和维修人员,都必须对其有一个统一的正确理解,否则将可能发生编程混乱、数据通信出错、操作出事故、维修不能正确进行等问题。

以右手直角坐标系为标准坐标系,基本坐标为 X、Z 直角坐标。

(1) Z轴　Z轴是平行于机床主轴的坐标轴。Z轴的正方向是增大工件和刀具距离的方向(或者从工件到刀具夹持的方向)。

(2) X轴　X坐标是水平的,平行于工件装夹面。X轴的正方向规定为:在工件旋转的车床上,主刀架上的刀具离开工件旋转中心的方向是X坐标的正方向。

6.2.4 绝对坐标系与增量坐标系

在坐标系中,描述运动点位置常采用绝对值方式和增量方式。

绝对值方式的描述方法是所有点的坐标值均以某一固定坐标原点作为计算起点,这个坐标系称为绝对坐标系。如图6-2所示,$X_A=20$,$Z_A=25$;$X_B=50$,$Z_B=60$。增量方式的描述方法是运动轨迹的终点坐标是以起点坐标开始计算的,这样的坐标系称为增量(相对)坐标系。如图6-2中所示的$X_B=30$,$Z_B=35$,这是B点相对A点的增量方式的描述。

采用绝对坐标系可以避免尺寸的积累误差。

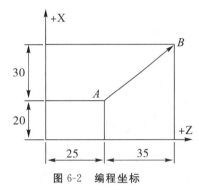

图6-2　编程坐标

6.2.5 数控车床坐标值的计算

1. 数控车床坐标系

标准坐标系原点(X=0,Y=0)的位置是任意的。机床坐标系是机床上固有的坐标系,机床坐标系的原点在机床说明书中均有规定,一般利用机床机械结构的基准线来确定。坐标系的设定如图6-3所示。例如:有的机床设有零位,则这个零位就是机床坐标系的原点,且该机床的零位在机床制造出来时就已确定,不能随意改变。

为了使编出的程序在不同厂家生产的同类机床上有互换性,必须统一规定数控机床的坐标方向。我国的JB3051—82标准为《数字控制机床坐标轴和运动方向的命名》,其中的规定与国际标准ISO841中的规定是相同的。

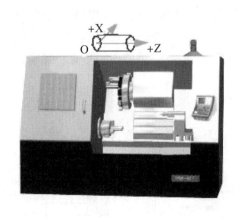
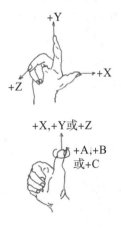

图6-3　坐标系的设定

2. 工件坐标系

编程时,一般是由编程员选择工件上某一点作为坐标原点,此坐标系称为工件坐标系。可见,工件坐标系的原点是任意的,这与机床坐标系不同。工件坐标原点一经设定后,即为机床坐标系中的固定一点,不因为工件的变化而变化。

如图 6-4 所示,1、2、3 均可设为工件坐标系原点,在程序编制时,根据被加工零件的设计基准和加工实际情况选择合适的工件坐标系原点。

3. 刀具的刀位点(对刀点和换刀点的确定)

对刀时,采用对刀装置使刀位点与对刀点重合。所谓刀位点,就是刀具定位的基准点。例如,车刀是指刀头的刀尖,如图 6-5 所示。

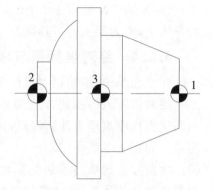

图 6-4 工件坐标系

图 6-5 刀具的刀位点

4. 对刀点

对刀点是指在数控机床上加工零件时,刀具相对零件运动的起点。由于程序也从这一点开始执行,所以对刀点又称作程序起点或起刀点。可以选择零件上某一点作为对刀点,也可选择零件外(如夹具上或机床上)某一点作为对刀点,如图 6-6 所示,但所选择的对刀点必须与零件的定位基准有一定的坐标尺寸关系,这样才能确定机床坐标系与零件坐标系的关系。

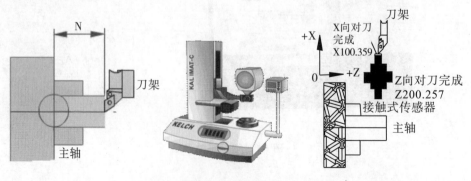

图 6-6 对刀点

若对刀精度要求不高时,可直接选用零件上或夹具上的某些表面作为对刀面;如对精度要求较高时,对刀点应尽量选在零件的设计基准或者工艺基准上;对于以孔定位的零件,则选用孔的中心作为对刀点。

在采用相对坐标编程时,对刀点可选在零件孔的中心上、夹具上的专用对刀孔上或两垂直平面的交线上;在采用绝对坐标编程时,对刀点可选在机床坐标系的原点上或距原点为确定值的点上。

具有自动换刀装置的数控机床,在加工中如需自动换刀,还要设置换刀点。换刀点的位置应根据换刀时刀具不得碰上工件、夹具和机床的原则而定。

6.3 数控车床编程系统功能

数控机床加工中的动作在加工程序中用指令的方式予以规定,下面以 FANUC0i－TA 系统的常用功能为例作介绍。

6.3.1 准备功能

准备功能 G,又称"G 功能"或"G 代码",是由地址字和后面的两位数来表示的。G 代码有两种模态:模态代码和非模态代码。00 组的 G 代码属于非模态代码,只限定在被指定的程序段中有效。其余组的 G 代码属于模态 G 代码,具有续效性,在后续程序段中,只要同组其他 G 代码未出现则一直有效。

1. G50

G50 表示工件坐标系设定,该指令是规定刀具起刀点距工件原点的距离。坐标值 X、Z 为刀位点在工件坐标系中的起始点(即起刀点)位置。当刀具的起刀点空间位置一定时,工件原点选择不同,刀具在工件坐标系中的坐标 X、Z 也不同。其指令格式为:G50X＿Z＿。

假设刀尖的起始点距工件原点的 Z 向尺寸和 X 向尺寸分别为 α 和 β(直径值),则执行程序段 G50 后,系统内部即对 α 和 β 进行记忆,并显示在面板显示器上,相当于系统内部建立了一个以工件坐标系为坐标原点的工件坐标系。

显然,当 α、β 不同或改变了刀位点在工件坐标系中的确定位置后,所设定的工件坐标系的工件原点也就不同。因此在执行程序段 G50XαZβ 前,刀具就应安装在一个确定位置。

实际生产中,我们通常不需要使用 G50 来设定工件坐标系。通常直接采用试切对刀,然后将对刀参数写入数控车床的形状刀具补偿中,最后在使用该刀具时将该刀具的刀具补偿号代入即可。

工人操作时,将刀具准确地安装在这一确定的位置,即对刀过程。其对刀方法如下。

(1)回参考点操作 用面板 ZRN(回参考点)方式,进行回参考点的操作,建立机床坐标系。此时显示器上显示刀架中心(对刀参考点)在机床坐标系中的当前位置坐标值。

(2)试切的测量 用面板上的 MDI 方式操作机床对外圆表面试切一刀,然后保持刀具在横向(X 轴方向)上的位置不变,沿纵向(Z 轴方向)退刀;测量工件试切后的直径值

D 即可知道刀尖在 X 轴方向上的当前位置坐标值,并记录显示器上显示的刀架中心在机床坐标系中 X 轴方向上的当前位置坐标值 X_t。用同样的方法再将工件右端面试切一刀,保持刀具在纵向(Z 轴方向)上的位置不变,沿横向(X 轴方向)退刀,同样可以测量试切端面至工件原点的距离长度 L,并记录显示器上显示的刀架中心在机床坐标系中 Z 轴方向上的当前位置坐标值 Z_t。

(3)计算坐标增量　根据试切后测量的工件直径 D、端面距离长度 L 与程序所要求的起刀点位置(α、β),算出将刀尖移到起刀点位置所需的 X 轴的坐标增量 $\alpha-D$ 与 Z 轴坐标增量 $\beta-L$。

(4)对刀　根据算出的坐标增量,用手摇脉冲发生器移动刀具时,前面纪录的位置坐标值(X_t、Z_t)增加相应的坐标增量,即将刀具移至使显示器上所显示的刀架中心(对刀参考点)在机床坐标系中位置坐标值为($X_t+\alpha-D$、$Z_t+\beta-L$)为止。这样就实现了将刀尖放在程序所要求的起刀位置(α、β)上。

通过改变数控系统参考点位置来使刀位点到达一个新的起刀点位置,即移动机床上的挡块。这样在进行回参考点操作时,即能使刀尖到达起刀点位置。

2. 快速点定位指令 G00

G00 指令是模态代码,它命令刀具以点定位控制方式从刀具所在点快速运动到下一个目标位置。它只是快速定位,而无运动轨迹要求,也无切削加工过程。其指令书写格式为:G00 X(U)__ Z(W)__。

当采用绝对值编程时,刀具分别以各轴的快速进给速度运动到工件坐标系 X、Z 点;当采用增量值编程时,刀具以各轴的快速进给速度运动到距离现有位置为 U、W 的点。

需要注意的事项有:G00 为模态指令;移动速度不能用程序指令设定,有厂家在参数设置中预调定;刀具由程序起始点加速到最大速度,然后快速移动,最后减速到终点,实现快速点定位;刀具的实际运动路线不是直线,而是折线,使用时注意刀具是否和工件发生干涉。如图 6-7 所示,为从起点 A 快速运动到 B 点。

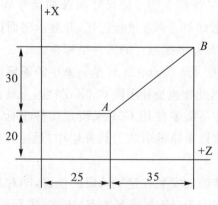

图 6-7　绝对值和增量编程

举例:

绝对值编程为

　　G00　　　X120.0　　　Z100.0;

增量值编程为

G00　　　U80.0　　　W80.0。

3. G04

G04 表示暂停（延时）指令，该指令为非模态指令，常用在进行锪孔、车槽、车台阶等加工时，要求刀具在很短时间内实现无进给光整加工，此时可以用 G04 指令实现暂停，暂停结束后，继续执行下一段程序。其程序格式为：G04P＿（ms）或 G04X(U)＿(s)。

其中 X、U、P 为暂停时间，P 后面的数值为整数，单位为 ms，X(U)后面为带小数点的数，单位为 s。例如：欲暂停 1.5s 的时间，则程序段为：G04X1.5；或 G04 P1500。

6.3.2　常用辅助功能

（1）M03——主轴顺时针（正）转。

（2）M04——主轴逆时针（反）转。

（3）M05——主轴停止。

（4）M08——冷却液开。

（5）M09——冷却液关。

（6）M30——程序结束并返回初始，在完成程序段的所有指令后，使主轴、进给、冷却液停止，机床复位。

6.3.3　FTS 功能介绍

1. N 功能

程序段号是用地址 N 和后面的四位数字来表示的。通常是按顺序在每个程序段前加上编号（顺序号），但也可只在需要的地方编号。顺序号可有可无，但是，对于初学者最好能够循序渐进逐渐省略。另外，为了提高程序的可读性和便于修改查找，最好在关键的位置写上程序号，如粗、精车分界处等。

2. F 功能

制定进给速度，由地址 F 及其后面的数字组成。

每转进给（G99）：在一条含有 G99 的程序段后面，遇到 F 制定时，则认为 F 所指定的进给速度单位为 mm/r。系统开机状态为 G99 状态，只有输入 G88 指令后，G99 才被取消，如 F0.25 为 0.25mm/r。

每分钟进给（G98）：在一条含有 G98 的程序段后面，再遇到 F 指令时，则认为 F 所指定的进给速度单位为 mm/min。G98 被执行一次后，系统将保持 G98 状态，直到被 G99取消为止，如 F20.54 即进给速度为 20.54mm/min。

3. T 功能

指令数控系统进行选刀或换刀。用地址和后面的数字来指定刀具号和刀具补偿，数控车床上一般采用 T2+2 的形式。

例如：Txxyy（xxyy 均为数字，其中：xx 表示刀具号，yy 表示刀补号）

N1　　　G50　　　X100.0　　　Z175.0；

N2	G00	S600	M03;
N3	T0304;(使用 3 号刀具、4 号刀具补偿号)		
N4	G01	Z60.0	F30;
N5	T0300 ;(3 号刀补取消)		

一般为了方便起见,常将刀补号设置与刀具号相同,如:T0808。

4．S 功能

(1)主轴最高速度限定(G50) G50 除有坐标系设定功能外,还有主轴最高速度设定的功能,即用 S 指定的数值设定主轴每分钟最高转速。例如:G50 S2000 表示把主轴最高速度限定为 2000 r/min。

(2)恒线速度控制(G96) G96 是接通恒线速度控制的指令。系统执行 G96 指令后,便认为用 S 指定的数值确定切削速度 V_c(m/min)。例如:G96 S150 表示控制主轴转速,使切削点的速度始终保持在 150m/min。

用恒线速度控制加工端面、锥面和圆弧时,由于 X 坐标不断变化,当刀具逐渐接近工件的旋转中心时,主轴转数越来越高,工件有从卡盘飞出的危险,所以为防止事故的发生,必须用 G50 指令来限定主轴的最高转数。

(3)主轴转速控制(G97) G97 是取消恒线速度控制的指令。此时,S 指定的数值表示主轴每分钟的转数。例如:G97 S1500 表示主轴转速为 1500r/min。

6.4 数控车床常用指令和编程方法

6.4.1 编程规则

数控车床编程时,可采用绝对值编程、增量值编程和两者混合编程。由于被加工零件的径向尺寸在图样的标注和测量都是以直径值表示,所以,直径方向用绝对值编程时,X 以直径值表示;用增量值编程时,以径向实际位移量的二倍值表示,并带上方向符号。

1. 绝对值编程

绝对值编程是根据预先设定的编程原点计算出绝对值坐标尺寸进行编程的一种方法。

首先找出编程原点的位置,并用地址 X、Z 进行编程,例如:X50.0 Z80.0,语句中的数值表示终点的绝对值坐标。

2. 增量值编程

增量值编程是根据与前一位置的坐标值增量来表示位置的一种编程方法。程序中的终点坐标是相对于起点坐标而言的。采用增量值编程时,用 U、W 代替 X、Z 进行编程。U、W 的正负由行程方向来确定,行程方向与机床坐标方向相同时为正,反之为负。例如:U50.0 W80.0 表示终点相对于前一加工点的坐标差值在 X 轴方向为 50mm,Z 轴方向为 80mm。

3. 混合编程

设定工件坐标系后,绝对值编程与增量值编程混合起来进行编程的方法叫混合编程。

6.4.2 常用指令和编程方法

1. 直线插补指令 G01

G01 指令是模态代码,它是直线运动的命令,规定刀具在两坐标或三坐标间以插补联动方式按指定的 F 进给速度做任意斜率的直线运动。当采用绝对值编程时,刀具以 F 指令的进给速度进行直线插补,运动到工件坐标系 X、Z 点;当采用增量值编程时,刀具以 F 进给速度运动到距离现有位置为 U、W 的点上,其中 F 进给速度在没有新的 F 指令以前一直有效,不必在每个程序段中都写入 F 指令。其指令书写格式为:G01　X(U)＿Z(W)＿F＿。

2. G02、G03

圆弧插补指令,此指令是命令刀具在制定平面内按给定的 F 进给速度做圆弧运动,切削出圆弧轮廓。

(1) 圆弧顺逆方向的判断　圆弧插补指令分为顺时针圆弧插补指令 G02 和逆时针圆弧插补指令 G03。数控车床是两坐标的机床,只有 X 轴和 Z 轴。因此,按右手定则的方法将 Y 轴考虑进去,然后用右手环握 Y 轴,大拇指指向 Y 轴正方向,四指环握的方向即为 G03 的方向,如图 6-8 所示。

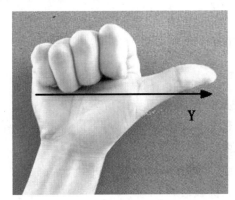
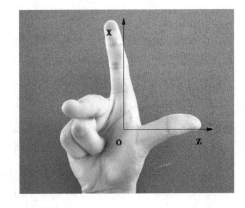

图 6-8　圆弧顺逆方向的判断

(2) G02、G03 指令的格式　在车床上加工圆弧时,不仅需要用 G02 或 G03 指出圆弧的顺逆方向,用 X(U)、Z(W) 指定圆弧的终点坐标,而且还要指定圆弧的中心位置。一般常用指定圆心位置的方法有以下两种:用 I、K 指定圆心位置,其格式为:G02/G03　X(U)＿Z(U)＿I＿K＿F＿;用圆弧半径 R 指定圆心位置,其格式为:G02/G03　X(U)＿Z(U)＿R＿F＿。

注意事项:以上格式中 G02 为顺圆插补,G03 为逆圆插补。用绝对值编程时,用 X、Z 表示圆弧终点在工件坐标系中的坐标值;采用增量值编程时,用 U、W 表示圆弧终点相对于圆弧起点的增量值。

圆心坐标 I、K 为圆弧起点到圆弧中心所作矢量分别在 X、Z 轴方向上的分矢量(矢量方向指向圆心)。本系统的 I/K 为增量系统,当分矢量方向与坐标轴的方向一致时为"+",反之为"—"。I__ K__ 表示为圆弧圆心相对于圆弧起点的增量坐标值。

用半径 R 指定圆心位置时,由于在同一半径 R 的情况下,从圆弧的起点到终点有两个圆弧的可能性,因此在编程时规定:圆心角小于或等于 180 度的圆弧,R 值为正;圆心角大于 180 度的圆弧,R 值为负;程序段中同时给出 I、K 和 R 值,以 R 值优先,I、K 无效。G02、G03 用半径指定圆心位置时,不能描述整圆,只能使用分矢量编程。在运用 G02/G03 指令进行编程时,要求圆弧起点和终点的距离小于等于 2 倍半径(R)值。

综合举例:

车床编程实例一:直线插补指令编程

O 3305

N1 G50 X100. Z10. ;　　　　　(设立坐标系,定义对刀点的位置)

N2 G00 X16. Z2. M03;　　　　(移到倒角延长线,Z 轴 2mm 处)

N3 G01 U10. W—5. F0.22;　　(倒 3×45°角)

N4 Z—48. ;　　　　　　　　　(加工 φ26 外圆)

N5 U34. W—10. ;　　　　　　(切第一段锥)

N6 U20. Z—73. ;　　　　　　(切第二段锥)

N7 X90. ;　　　　　　　　　　(退刀)

N8 G00 X100. Z10. ;　　　　　(回对刀点)

N9 M05;　　　　　　　　　　　(主轴停)

N10 M30;　　　　　　　　　　(主程序结束并复位)

车床编程实例二:圆弧插补指令编程

O3308

N1 G50 X40. Z5. ;　　　　　　(设立坐标系,定义对刀点的位置)

N2 M03 S400;　　　　　　　　(主轴以 400 r/min 旋转)

N3 G00 X0;　　　　　　　　　(到达工件中心)

N4 G01 Z0 F0.1;　　　　　　　(工进接触工件毛坯)

N5 G03 U24. W—24. R15.;　　(加工 R15 圆弧段)

N6 G02 X26. Z—31. R5.;　　　(加工 R5 圆弧段)

N7 G01 Z—40. ;　　　　　　　(加工 φ26 外圆)

N8 X40. Z5. ;　　　　　　　　(回对刀点)

N9 M05;

N10 M30;　　　　　　　　　　(主轴停、主程序结束并复位)

车床编程实例三:倒角指令编程

O3310

N10 G50 X70. Z10. ;　　　　　(设立坐标系,定义对刀点的位置)

N20 G00 U—70. W—10. ;　　　(从编程规划起点,移到工件前端面中心处)

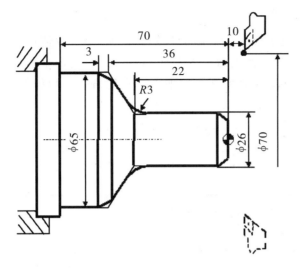

图 6-9　倒角指令编程

N30 G01 U26. C3. F100；　　　（倒 3×45°直角）

N40 W－22. R3.；　　　　　　　（倒 R3 圆角）

N50 U39. W－14. C3.；　　　　（倒边长为 3 等腰直角）

N60 W－34.；　　　　　　　　　（加工 φ65 外圆）

N70 G00 U5. W80.；　　　　　　（回到编程规划起点）

N80 M05；

N90 M30；　　　　　　　　　　　（主轴停、主程序结束并复位）

注意事项：由于不同数控系统对长度单位的识别情况不同，在 FANUC 0I 系统中，数值"1"表示长度为"1μm"，即"0.001mm"，而非"1mm"，所以要求在编程过程中，表示长度单位为 mm 时，在数值后加小数点，例如："1mm"可表示为"1."。

6.4.3　数控加工工艺文件

1.编程任务书

编程任务书用来阐明工艺人员对数控加工工序的技术要求、工序说明、数控加工前应该留有的加工余量等，是编程人员与工艺人员协调工作和编制数控加工程序的重要依据之一。编程任务书见表 6-2。

表 6-2　数控编程任务书

工艺处	数控编程任务书	产品零件图号		任务书编号	
		零件名称		（例：18）	
		使用数控设备		共 页 第 页	
主要工艺说明及技术要求					
编程收到时间		月　　日		经手人	
编制		审核	编程	审核	批准

2. 数控加工程序单

数控加工程序单是编程人员根据工艺分析情况,经过数值计算,按照数控机床规定的指令代码,根据运行轨迹图的数据处理而编写的。它是记录数控加工工艺过程、工艺参数、位移数据等的清单,用来实现数控加工。它的格式随数控系统和机床种类的不同而有所差异。基本格式见表 6-3。

表 6-3　数控加工程序单

图号_____工序_____共____页第____页

零件名称_____编制_____校核_____

%_____

N	G	X(U)	Z(W)	I	K	F	S	T	M	CR	说明
N0010											
N0020											
N0030											
N0040											
N0050											
N0060											
N0070											
N0080											
N0090											

6.5　B 类宏程序编程

6.5.1　B 类宏程序

在 FANUC 0MD 等老型号的系统面板上没有"＋"、"－"、"×"、"/"、"＝"、"[ ]"等符号,故不能进行这些符号输入,也不能用这些符号进行赋值及数学运算。所以,在这类系统中只能按 A 类宏程序进行编程。而在 FANUC0i 及其后(如 FANUC18i 等)的系统中,则可以输入这些符号,并运用这些符号进行赋值及数学运算,即按 B 类宏程序进行编程。

1. 变量

B 类宏程序的变量与 A 类宏程序的变量基本相似,主要区别有以下几个方面。

(1)变量的表示　B 类宏程序除可采用 A 类宏程序的变量表示方法外,还可以用表达式进行表示,但其表达式必须全部写入方括号"[ ]"中,程序中的圆括号"( )"仅用于注释。

例:＃[＃1＋＃2＋10]

当♯1=10,♯2=100时,该变量表示♯120。

(2)变量的引用　引用变量也可以采用如下表达式。

例:G01X[♯100-30.0]Y-♯101F[♯101+♯103]

当♯100=100.0,♯101=50.0,♯103=80.0时,上面语句即表示为G01X70.0Y-50.0F130。

2. 变量的赋值

(1)直接赋值变量可以在操作面板上用MDI方式直接赋值,也可在程序中以等式方式赋值,但等号左边不能用表达式。

例:♯100=100.0;

♯100=30.0+20.0。

(2)引数赋值宏程序以子程序方式出现,所用的变量可在宏程序调用时赋值,例如G65P1000X100.0Y30.0Z20.0F100.0。

该处的X、Y、Z并不代表坐标字,F也不代表进给字,而是对应于宏程序中的变量号,变量的具体数值由引数后的数值决定。引数宏程序中的变量对应关系有两种,这两种方法可以混用,其中G、L、N、O、P不能作为引数代替变量赋值。

例1:变量引数赋值方法Ⅰ

G65P0030A50.0I40.0J100.0K0I20.0J10.0K40.0;

经赋值后♯1=50.0,♯4=40.0,♯5=100.0,♯6=0,♯7=20.0,♯8=10.0,♯9=40.0。

表6-4　变量引数赋值方法Ⅰ

引数	变量	引数	变量	引数	变量	引数	变量	引数	变量
A	♯1	I3	♯10	I6	♯19	I9	♯28		
B	♯2	J3	♯11	J6	♯20	J9	♯29		
C	♯3	K3	♯12	K6	♯21	K9	♯30		
I1	♯4	I4	♯13	I7	♯22	I10	♯31		
J1	♯5	J4	♯14	J7	♯23	J10	♯32		
K1	♯6	K4	♯15	K7	♯24	K10	♯33		
I2	♯7	I5	♯16	I8	♯25				
J2	♯8	J5	♯17	J8	♯26				
K2	♯9	K5	♯18	K8	♯27				

表6-5　变量引数赋值方法Ⅱ

引数	变量	引数	变量	引数	变量	引数	变量
A	♯1	H	♯11	R	♯18	X	♯24
B	♯2	I	♯4	S	♯19	Y	♯25
C	♯3	J	♯5	T	♯20	Z	♯26
D	♯7	K	♯6	U	♯21		
E	♯8	M	♯13	V	♯22		
F	♯9	Q	♯17	W	♯23		

例2:变量引数赋值方法Ⅱ

G65P0020A50.0X40.0F100.0；

经赋值后♯1＝50.0,♯24＝40.0,♯9＝100.0。

例3:变量引数赋值方法Ⅰ和Ⅱ混合使用

G65P0030A50.0D40.0I100.0K0I20.0；

经赋值后,I20.0与D40.0同时分配给变量♯7,则后一个♯7有效,所以变量♯7＝20.0,其余同上。

实例采用变量赋值后,图3-4所示实例的A类精加工宏程序可改成如下形式：

O0503；(主程序)

……

C65P0504A12.5B25.0CO.0D126.86F100.0；(赋值后,X向半轴长♯1＝12.5,Z向半轴长♯2＝25.0,角度起始角♯3＝0.0,角度终止角♯7＝126.86,进给速度♯9＝100.0)

……

O504；(精加工宏程序)

N1000♯4＝♯1×SIN[♯3]；

♯5＝♯2×COS[♯3]；

♯6＝♯4×2；

♯8＝♯5－♯2；

G01X♯6Z♯8F♯9；

♯3＝♯3＋0.01；

IF[♯3LE♯7]GOTO1000；M99；

3. 运算指令

B类宏程序的运算类似于数学运算,仍用各种数学符号来表示。运用运算指令见表6-6。

表6-6 B类宏程序变量的各种运算

功能	格式	备注与示例
定义、转换	♯i＝♯j	♯100＝♯1,♯100＝30.0
加法	♯i＝♯j＋♯k	♯100＝♯1＋♯2
减法	♯i＝♯j－♯k	♯100＝100.0－♯2
乘法	♯i＝♯j*♯k	♯100＝♯1*♯2
除法	♯i＝♯j/♯k	♯100＝♯1/♯30
正弦	♯i＝SIN[♯j]	♯100＝SIN[♯1]
反正弦	♯i＝ASIN[♯j]	
余弦	♯i＝COS[♯j]	♯100＝COS[♯2＋36.3]
反余弦	♯i＝ASIN[♯j]	
正切	♯i＝TAN[♯j]	
反正切	♯i＝ATAN[♯j]	♯100＝ATAN[♯1]/[♯2]
平方根	♯i＝SQRT[♯j]	♯100＝SQRT[♯1*♯1－100]

续上表

功能	格式	备注与示例
绝对值	♯i=ABS[♯j]	
舍入	♯i=ROUND[♯j]	
上取整	♯i=FIX[♯j]	
下取整	♯i=FUP[♯j]	
自然对数	♯i=LN[♯j]	
指数函数	♯i=EXP[♯j]	♯100=EXP[♯1]
或	♯i=♯j OR ♯k	
异或	♯i=♯j XOR ♯k	逻辑运算一位一位地按二进制执行
与	♯i=♯j AND ♯k	
BCD 转 BIN	♯i=BIN[♯j]	用于与 PMC 的信号交换
BIN 转 BCD	♯i=BCD[♯j]	

(1)函数 SIN、COS 等的角度单位是"°"、"′"和"″","′"要换算成"°"。如 90°30′应表示为 90.5°,30°18′应表示为 30.3°。

(2)宏程序数学计算的次序依次为:函数运算(SIN、COS、ATAN 等),乘和除运算(×、/、AND 等),加和减运算(+、-、OR、XOR 等)。

例:♯1=♯2+♯3×SIN[♯4];

运算次序为:函数 SIN[♯4]→乘和除运算♯3×SIN[♯4]→加和减运算♯2+♯3×SIN[♯4]。

(3)函数中的括号 括号用于改变运算次序,函数中的括号允许嵌套使用,但最多只允许嵌套 5 层。

例:♯1=SIN[[[♯2+♯3]×4+♯5]/♯6]。

(4)宏程序中的上、下取整运算 CNC 处理数值运算时,若操作产生的整数大于原数时为上取整,反之则为下取整。

例:设♯1=1.2,♯2=-1.2,

执行♯3=FUP[♯1]时,2.0 赋给♯3;执行♯3=FIX[♯1]时,1.0 赋给♯3;

执行♯3=FUP[♯2]时,-2.0 赋给♯3;执行♯3=FIX[♯2]时,-1.0 赋给♯3。

4.控制指令

控制指令起到控制程序流向的作用。

(1)分支语句:

格式一 GOTOn;

例:GOTO1000

该例为无条件转移。当执行该程序段时,将无条件转移到 N1000 程序段执行。

格式二 IF[条件表达式]GOTOn;

例:IF[♯1GT♯100]GOTO1000

该例为有条件转移语句。如果条件成立,则转移到 N1000 程序段执行;如果条件不成立,则执行下一程序段。条件表达式的种类见表 6-7。注意条件判断中条件的表示方法。

表 6-7 B 类宏程序条件表达式的种类

条 件	意 义
#i EQ #j	等于（＝）
#i NE #j	不等于（≠）
#i GT #j	大于（>）
#i GE #j	大于等于（≥）
#i LT #j	小于（<）
#i LE #j	小于等于（≤）

（2）循环指令 循环指令格式为：

WHILE[条件表达式]DOm（$m=1$、2、3……）

……

ENDm；

当条件满足时，则循环执行 WHILE 与 END 之间的程序段 m 次；当条件不满足时，则执行 ENDm 的下一个程序段。

5．B 类宏程序编程示例

例：试用 B 类宏程序编写如图 6-10 所示的玩具喇叭凸模曲线的精加工程序。

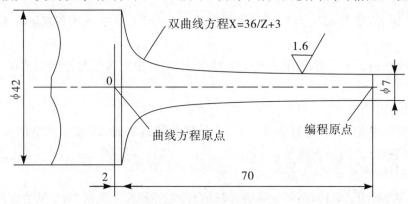

图 6-10 B 类宏程序编程示例

注：在宏程序编程时，首先要找出各点 X 坐标和 Z 坐标之间的对应关系。

实例分析：本例的精加工采用 B 类宏程序编程，以 Z 值为自变量，每次变化 0.1mm，X 值为因变量，通过变量运算计算出相应的 X 值。编程时使用以下变量进行运算：

♯101 为方程中的 Z 坐标（起点 Z=72）；

♯102 为方程中的 X 坐标（起点半径值 X=3.5）；

♯103 为工件坐标系中的 Z 坐标，♯103＝♯101－72.0；

♯104 为工件坐标系中的 X 坐标，♯104＝R2×2；

精加工程序如下：

0420

……

G00X9.0Z2.0;(宏程序起点)
♯101=72.0;
♯102=3.5;
N100♯103=♯101-72.0;(跳转目标程序段)
♯104=♯102×2;
G01X♯104Z♯103;
♯101=♯101-0.1;(Z坐标每次增量-0.1mm)
♯102=36/♯101+3;(变量运算出X坐标)
IF[♯101GE2.0]GOTO100;(有条件跳转)
G28U0W0;M30;

6.5.2 编程实例

例:试用B类宏程序编写如图6-11所示绕线筒曲线轮廓的数控车床加工程序。

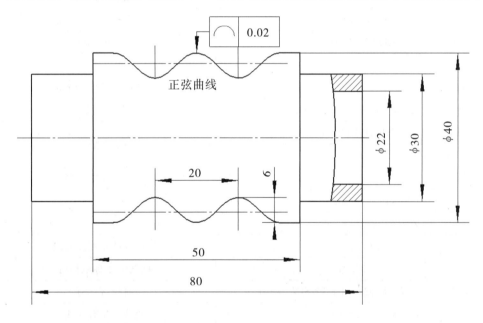

图6-11 应用B类宏程序的示件

本例编程与加工思路:本例的精加工轮廓采用B类宏程序编程。由于宏程序编程中不能使用复合固定循环,因此,在本例粗加工时,采用坐标平移指令(G52)编写出类似于仿形车复合循环G73指令的加工程序。其加工程序见表6-8。

1.实例分析

该正弦曲线由两个周期组成,总角度为720°(-630°~90°)。将沿Z轴方向将该曲线分成1000条线段,每段直线在Z轴方向的间距为0.04mm,其对应正弦曲线的角度增加720°/1000。根据公式,计算出曲线上每一线段终点的X坐标值,$X = 34 + 6\sin\alpha$。

工件粗加工时,采用局部坐标进行编程,编程时使用以下变量进行运算:

♯100为局部坐标系中的X坐标变量;

♯101 为正弦曲线角度变量;
♯102 为正弦曲线各点 X 坐标;
♯103 为正弦曲线各点 Z 坐标。

2. 参考程序(见表 6-8)

表 6-8 数控车床参考程序

刀具	1号刀具;350 硬质合金外圆车刀	
程序段号	FANUC0i 系统程序	程序说明
	O0400;	主程序
N10	G98G40G21F100;	程序开始部分
N20	T0101;	
N30	M03S800;	
N40	G00X42.0Z−13.0;	宏程序起点
N50	♯100=10.0;	局部坐标系 X 附初值
N60	N200G52X♯100Z0;	局部坐标系
N70	M98P402;	调用宏程序
N80	♯100=♯100−2.0;	径向每次切深 2mm
N90	IF[♯100GE0]GOTO200;	条件判断
N100	G00X100.0Z100.0;	程序结束
N110	M30;	
	O0402	曲线加工宏程序
N10	G01X40.0Z−15.0;	加工与曲线相连的直线段
N20	Z−20.0;	
N30	♯101=90.0;	正弦曲线角度赋初值
N40	♯103=−20.0;	曲线 Z 坐标赋初值
N50	N300♯102=34+6×SIN[♯101];	曲线 X 坐标
N60	G01X♯102Z♯102F100;	直线段拟合曲线
N70	♯101=♯101−0.72;	角度增量为−0.720
N80	♯103=♯103−0.04;	Z 坐标增量为−0.04mm
N90	IF[♯101GE−630.0]GOTO300;	条件判断
N100	G01X40.0Z−67.0;	加工与曲线相连的线段并退刀
N110	X42.0;	
N120	G00Z−13.0;	
N130	M99;	返回主程序

6.6 FANUC0i 数控车床常用编程指令表

表 6-9　FANUC0i 车床 G 指令代码表

组	G 指令代码	功　能	模态/非模态
01	G00	定位（快速移动）	模态
	G01	直线切削	
	G02	顺时针切圆弧（CW,顺时针）	
	G03	逆时针切圆弧（CCW,逆时针）	
00	G04	暂停（Dwell）	
06	G20	英制输入	模态
	G21	公制输入	
00	G27	检查参考点返回	非模态
	G28	参考点返回	
01	G32	切螺纹	模态
	G34	变导程螺纹切削	
07	G40	取消刀尖半径偏置	模态
	G41	刀尖半径偏置（左侧）	
	G42	刀尖半径偏置（右侧）	
00	G50	修改工件坐标；设置主轴最大的 RPM	非模态
	G52	设置局部坐标系	
00	G53	选择机床坐标系	
12	G70	精加工循环	模态
00	G71	内外径粗切循环	
	G72	台阶粗切循环	
	G73	成形重复循环	
	G74	Z 向步进钻削	
	G75	X 向切槽	
	G76	切螺纹循环	
01	G90	（内外直径）切削循环	
	G92	切螺纹循环	
	G94	（台阶）切削循环	
02	G96	恒线速度控制	
	G97	恒线速度控制取消	
05	G98	每分钟进给率	
	G99	每转进给率	
14	G54～G59	选择工件坐标系 1～6（默认为 G54）	

表 6-10 FANUC0i 车床 M 指令代码表

指令	功　能
M00	程序停(无条件停止)
M01	选择停止
M02	程序结束(复位)
M03	主轴正转(CW)
M04	主轴反转(CCW)
M05	主轴停
M06	换刀准备
M07	1号切削液开
M08	2号切削液开
M09	切削液关
M30	主轴停转、程序结束(复位)并回到程序开头
M94	镜像取消
M95	X 坐标镜像
M96	Y 坐标镜像
M98	子程序调用
M99	子程序结束/GOTO

实训任务　汽车典型零件加工程序编写

任务一　典型轴类零件加工程序编写(一)(见附录1)

O0001;(工序1精加工程序段)T0202 外圆精车刀、T0303 切槽刀、T0404 内孔镗刀、T0505 外螺纹刀、T0606 内螺纹刀。

程序段号	程序段	程序段结束	说明
N0010	G40G21G98	;	外圆精加工
N0020	M04S1000	;	
N0030	T0202	;	外圆精车刀
N0040	G00X60	;	
N0050	G01Z0F100	;	
N0060	Z-55	;	
N0070	X55	;	
N0080	G00X100Z100	;	
N0090	M05	;	
N0100	M00	;	外圆槽加工
N0110	M04S400	;	
N0120	T0303	;	外圆槽刀
N0130	G00X54	;	
N0140	Z-38	;	

续上表

程序段号	程序段	程序段结束	说明
N0150	G01X32F80	;	
N0160	X54	;	
N0170	W4	;	
N0180	X32	;	
N0190	X54	;	
N0200	Z-45.15	;	
N0210	X40W7.15	;	
N0220	X54	;	
N0230	W11.15	;	
N0240	X40W-7.15	;	
N0250	X54	;	
N0260	G00X100Z100	;	
N0270	M05	;	
N0280	M00	;	内孔精加工
N0290	M04S600	;	
N0300	T0404	;	内孔镗刀
N0310	G00X22	;	
N0320	G01Z2F100	;	
N0330	X26	;	
N0340	Z-25	;	
N0350	X22	;	
N0360	G00Z100	;	
N0370	X100	;	
N0380	M05	;	
N0390	M30	;	

O0002；(工序2精加工程序段) T0202外圆精车刀、T0303切槽刀、T0404内孔镗刀、T0505外螺纹刀、T0606内螺纹刀。

程序段号	程序段	程序段结束	说明
N0010	G40G21G98	;	外圆精加工
N0020	M03S1000	;	
N0030	T0202	;	外圆精车刀
N0040	G00X60	;	
N0050	G01Z2F100	;	
N0060	Z-25	;	
N0070	X35	;	
N0080	G03X37.11Z-37.32R8	;	
N0090	G02X36W-13.81R10	;	
N0100	G03X37.47Z-82R24	;	
N0110	G01W-8	;	

续上表

程序段号	程序段	程序段结束	说明
N0120	X55	;	
N0130	G00X100Z100	;	
N0140	M05	;	
N0150	M00	;	外圆槽加工
N0160	M03S400	;	
N0170	T0303	;	外圆切槽刀
N0180	G00X55	;	
N0190	Z-90	;	
N0200	G01X35F100	;	
N0210	X40	;	
N0220	W4	;	
N0230	X35	;	
N0240	X55	;	
N0250	G00X100Z100	;	
N0260	M05	;	
N0270	M00	;	外圆螺纹加工
N0280	M04S300	;	
N0290	T0505	;	外圆螺纹车刀
N0300	G00X32Z2	;	
N0310	G92X29.2Z-20F2	;	
N0320	X28.6	;	
N0330	X28	;	
N0340	X27.6	;	
N0350	X27.4	;	
N0360	M05	;	
N0370	M30	;	

典型轴类零件加工程序编写(二)(见附录2)

O0001；(工序1精加工程序段)T0202外圆精车刀、T0303切槽刀、T0404内孔镗刀、T0505外螺纹刀、T0606内螺纹刀。

程序段号	程序段	程序段结束	说明
N0010	G40G21G98	;	外圆精加工
N0020	M04S1000	;	
N0030	T0202	;	外圆精车刀
N0040	G00X80	;	
N0050	Z2	;	
N0060	G00X51	;	
N0070	G01Z0F100	;	
N0080	G03X55Z-3R3	;	
N0090	G01Z-25	;	

续上表

程序段号	程序段	程序段结束	说明
N0100	X72W－15	;	
N0110	W－5	;	
N0120	G02X72W－15R20	;	
N0130	U2	;	
N0140	G00X100Z100	;	
N0150	M05	;	
N0160	M00	;	内孔精加工
N0170	M03S1000	;	
N0180	T0404	;	内孔镗刀
N0190	G00X22	;	
N0200	G00Z2	;	
N0210	G01X44F100	;	
N0220	Z0	;	
N0230	X42Z－1	;	
N0240	Z－8	;	
N0250	X30	;	
N0260	Z－28	;	
N0270	X25	;	
N0280	G00Z100	;	
N0290	X100	;	
N0300	M05	;	
N0310	M30	;	

O0002;（工序2精加工程序段）T0202外圆精车刀、T0303切槽刀、T0404内孔镗刀、T0505外螺纹刀、T0606内螺纹刀。

程序段号	程序段	程序段结束	说明
N0010	G40G21G98	;	外圆精加工
N0020	M04S1000	;	
N0030	T0202	;	外圆精车刀
N0040	G00X80	;	
N0050	Z2	;	
N0060	G00X28	;	
N0070	G01Z0F100	;	
N0080	X30Z－1	;	
N0090	Z－23	;	
N0100	X40	;	
N0110	Z－30	;	
N0120	15R20	;	
N0130	W－20	;	
N0140	100Z100	;	

续上表

程序段号	程序段	程序段结束	说明
N0150	W-5	;	
N0160	U2	;	
N0170	G00X100Z100	;	
N0180	M00	;	椭圆加工
N0190	M03S1000	;	
N0200	T0202	;	外圆精车刀
N0210	G00X40	;	
N0220	Z-30	;	
N0230	#1=5	;	
N0240	IF[#1LT0]GOTO280	;	
N0250	#2=2*SQRT[25-#1*#1]	;	
N0260	G01X[2*#2+40]Z[#1-35]F100	;	
N0270	#1=#1-0.2	;	
N0280	GOTO240	;	
N0290	G00X100Z100	;	
N0300	M05	;	
N0310	M00	;	外圆槽加工
N0320	M03S400	;	
N0330	T0303	;	外圆槽刀
N0340	G00X42Z2	;	
N0350	G01Z-23F100	;	
N0360	X26	;	
N0370	X42	;	
N0380	G00X100Z100	;	
N0390	M05	;	
N0400	M00	;	外圆螺纹加工
N0410	M03S300	;	
N0420	T0505	;	外螺纹刀
N0430	G00X32Z2	;	
N0440	G92X29.2Z-21F1.5	;	
N0450	X28.6	;	
N0460	X28.2	;	
N0470	X28.04	;	
N0480	G00X100Z100	;	
N0490	M05	;	
N0500	M30	;	

任务二　典型套类零件加工程序编写(见附录3)

O0001；(工序1精加工程序段) T0202 外圆精车刀、T0303 切槽刀、T0404 内孔镗刀、T0505 外螺纹刀、T0606 内螺纹刀。

程序段号	程序段	程序段结束	说明
N0010	G40G21G98	;	外圆精加工
N0020	M04S600	;	
N0030	T0202	;	外圆精车刀
N0040	G00X80	;	
N0050	Z2	;	
N0060	G00X68	;	
N0070	G01Z0F100	;	
N0080	G03X72Z-2R2	;	
N0090	G01Z-25	;	
N0100	U2	;	
N0110	G00X100Z100	;	
N0120	M05	;	
N0130	M00	;	内孔精加工
N0140	M03S1000	;	
N0150	T0404	;	内孔镗刀
N0160	G00X22Z2	;	
N0170	G01X62F100	;	
N0180	Z0	;	
N0190	X60Z-1	;	
N0200	Z-5	;	
N0210	X40	;	
N0220	Z-30	;	
N0230	X32	;	
N0240	Z-35	;	
N0250	X28.04	;	
N0260	Z-55	;	
N0270	X22	;	
N0280	G00Z100	;	
N0290	X100	;	
N0300	M05	;	
N0310	M00	;	内孔螺纹
N0320	M03S300	;	
N0330	T0606	;	内孔螺纹刀
N0340	G00X22Z2	;	
N0350	G01Z-33F100	;	
N0360	G92X28.84Z-57F1.5	;	
N0370	X29.44	;	

续上表

程序段号	程序段	程序段结束	说明
N0380	X29.84	;	
N0390	X30	;	
N0400	G00Z100	;	
N0410	X100	;	
N0420	M05	;	
N0430	M30	;	

O0002；(工序2精加工程序段) T0202外圆精车刀、T0303切槽刀、T0404内孔镗刀、T0505外螺纹刀、T0606内螺纹刀。

程序段号	程序段	程序段结束	说明
N0010	G40G21G98	;	外圆精加工
N0020	M04S1000	;	
N0030	T0202	;	外圆精车刀
N0040	G00X80	;	
N0050	Z2	;	
N0060	G00X68	;	
N0070	G01Z0F100	;	
N0080	G03X72Z−2R2	;	
N0090	G01Z−15	;	
N0100	G02X72W−15R15	;	
N0110	G01U2	;	
N0120	G00X100Z100	;	
N0130	M05	;	
N0140	M00	;	内孔倒角
N0150	M03S300	;	
N0160	T0606	;	内孔镗刀
N0170	G00X22Z2	;	
N0180	G01X30F100	;	
N0190	Z0	;	
N0200	X28Z−1	;	
N0210	G00Z100	;	
N0220	X100	;	
N0230	M05	;	
N0240	M30	;	

任务三 汽车前减振器下销零件加工各工序程序编写(见附录4)

O0001；(工序1精车加工程序段) T0202外圆精车刀、T0505外螺纹刀。

程序段号	程序段	程序段结束	说明
N0010	G40G21G98	;	外圆精加工
N0020	M04S1000	;	

续上表

程序段号	程序段	程序段结束	说明
N0030	T0202	;	外圆精车刀
N0040	G00X30	;	
N0050	Z2	;	
N0060	G00X15	;	
N0070	G01Z0F100	;	
N0080	X18Z−1	;	
N0090	G01Z−32	;	
N0100	X22	;	
N0110	X25W−1.5	;	
N0120	Z−100	;	
N0130	X33	;	
N0140	X36W−1	;	
N0150	Z−120	;	
N0160	U2	;	
N0170	G00X100Z100	;	
N0180	M05	;	
N0190	M00	;	外螺纹加工
N0200	M03S300	;	
N0210	T0505	;	外螺纹刀
N0220	G00X20Z2	;	
N0230	G92X17.2Z−20F1.5	;	
N0240	X16.6	;	
N0250	X16.2	;	
N0260	X16.04	;	
N0270	G00X100Z100	;	
N0280	M05	;	
N0290	M30	;	

O0002；（工序2精车加工程序段）T0202外圆精车刀、T0505外螺纹刀。

程序段号	程序段	程序段结束	说明
N0010	G40G21G98	;	外圆精加工
N0020	M04S1000	;	
N0030	T0202	;	外圆精车刀
N0040	G00X30	;	
N0050	Z2	;	
N0060	G00X15	;	
N0070	G01Z0F100	;	
N0080	X18Z−1	;	
N0090	G01Z−23	;	
N0100	X23	;	

续上表

程序段号	程序段	程序段结束	说明
N0110	X26W－1.5	;	
N0120	Z－70	;	
N0130	X33	;	
N0140	X36W－1	;	
N0150	U2	;	
N0160	G00X100Z100	;	外螺纹加工
N0170	M05	;	
N0180	M00	;	外螺纹刀
N0190	M03S300	;	
N0200	T0505	;	
N0210	G00X20Z2	;	
N0220	G92X17.2Z－20F1.5	;	
N0230	X16.6	;	
N0240	X16.2	;	
N0250	X16.04	;	
N0260	G00X100Z100	;	
N0270	M05	;	
N0280	M30	;	

任务四　汽车转向节零件加工部分工序程序编写(见附录5)

O0001；(精车加工部分程序段) T0202外圆精车刀、T0505外螺纹刀。

程序段号	程序段	程序段结束	说明
N0010	G40G21G98	;	外圆精加工
N0020	M04S1000	;	
N0030	T0202	;	外圆精车刀
N0040	G00X95	;	
N0050	Z2	;	
N0060	G00X32	;	
N0070	G01Z0F100	;	
N0080	X34Z－1	;	
N0090	G01Z－4.5	;	
N0100	X36Z－6.23	;	
N0110	Z－40.5	;	
N0120	X40Z－41.65	;	
N0130	Z－70.5	;	
N0140	X55W－73.5	;	
N0150	W－30.4	;	
N0160	G02X56W－2.6R7	;	
N0170	G01W－3	;	
N0180	G02X70W－7R7	;	

续上表

程序段号	程序段	程序段结束	说明
N0190	G01X89.96	;	
N0200	X91W－0.3	;	
N0210	X110.11	;	
N0220	X116W－1.7	;	
N0230	W－6.2	;	
N0240	X150	;	
N0250	G00X100Z100	;	
N0260	M05	;	
N0270	M00	;	外圆螺纹
N0280	M03S300	;	
N0290	T0505	;	外螺纹刀
N0300	G00X38Z2	;	
N0310	G92X25.2Z－40.5F1.5	;	
N0320	X24.6	;	
N0330	X24.2	;	
N0340	X24.04	;	
N0350	G00X100Z100	;	
N0360	M05	;	
N0370	M30	;	

模块练习题

一、选择题

1. 下例说法哪一种是正确的（　　）。
   A. 执行 M01 指令后，所有存在的模态信息保持不变。
   B. 执行 M01 指令后，所有存在的模态信息可能发生变化。
   C. 执行 M01 指令后，以前存在的模态信息必须重新定义。
   D. 执行 M01 指令后，所有存在的模态信息肯定发生变化。

2. 以下辅助机能代码中常用于作为主程序结束的代码是（　　）。
   A. M30　　　　B. M98　　　　C. M07　　　　D. M05

3. 用于机床开关指令的辅助功能的指令代码是（　　）代码。
   A. F　　　　B. S　　　　C. M　　　　D. T

4. 数控车床编程中的工件坐标系设定 G50 是对（　　）而言的。
   A. 绝对值编程　　　　　　　　B. 增量值编程
   C. 计算机编程　　　　　　　　D. 机械坐标系编程

5. 增量指令是用各轴的（　　）直接编程的方法，称为增量编程法。
   A. 移动量　　　B. 进给量　　　C. 切削量　　　D. 坐标值

6. 在同一程序段中使用 X、W 编程为（　　）。

A. 绝对值   B. 增量值编程   C. 混合式编程   D. 相对值编程

7. 当零件图尺寸为链连接相对尺寸标注时适宜用（　　）编程。

   A. 绝对值编程   B. 相对值编程

   C. 两者混合   D. 先绝对值后相对值编程

8. 在数控编程代码中，所谓模态指令就是由前面程序段指定的某些 G 功能和 M、S、T、F 功能，欲使其在本程序段中仍然有效，（　　）省略。

   A. 可以   B. 不可以   C. 不一定   D. 因功能而定

9. 在数控编程过程中，正确地对刀具进行半径补偿很有必要，及时地用（　　）取消也不可缺少。

   A. G40   B. G41   C. G42   D. G49

10. G01 指令命令机床以一定的进给速度从当前的位置沿（　　）移动到指令给出的目标位置。

    A. 曲线   B. 折线   C. 圆弧   D. 直线

11. G04X5 为机床暂停进给（　　）。

    A. 5s   B. 5min   C. 5h   D. 5ms

12. 建立刀尖圆弧半径补偿和撤销补偿程序段一定不能是（　　）。

    A. G00 程序段   B. G01 程序段

    C. 圆弧指令程序段   D. 循环程序段

13. G00 指令的快速进给速度是由机床的（　　）确定的。

    A. 参数   B. 编程   C. 伺服电机本身   D. 传动系统

14. 在数控系统中，实现直线插补运动的 G 功能是（　　）。

    A. G01   B. G02   C. G03   D. G00

15. 在数控程序中，G00 指令命令刀具快速到位，但是在应用时（　　）。

    A. 必须有地址指令   B. 不需要地址指令   C. 地址指令可有可无

16. 能使程序结束，并使光标停留在当前程序段的指令是（　　）。

    A. M00   B. M01   C. M02   D. M30

17. 子程序结束的程序代码是（　　）。

    A. M02   B. M99   C. M19   D. M30

18. G00X50Z120 中的 X 和 Z 后面的数值是目标位置在（　　）的坐标。

    A. 机械坐标系   B. 工件坐标系   C. 增量坐标系   D. 三维坐标系

19. G00U－20W60 中的 U 和 W 后面的数值是现在点与目标点的（　　）。

    A. 大小   B. 长度   C. 距离与方向   D. 速度的方向

20. (FANUC 系统) T0204 表示（　　）。

    A. 2 号刀具 2 号刀补   B. 2 号刀具 4 号刀补

    C. 4 号刀具 2 号刀补   D. 4 号刀具 4 号刀补

21. N3G02X100Z－50I－50K0F100 中的 I－50K0 表示（　　）。

    A. 圆弧的始使点   B. 圆弧的终点   C. 圆弧的圆心坐标   D. 圆弧的半径

模块六　数控车床基本编程方法

22. G04P500 中的 500 表示（　　）。
    A. 500s　　　　B. 50s　　　　C. 5s　　　　D. 0.5s
23. G04 是（　　）指令。
    A. 模态　　　B. 非模态　　　C. 续效　　　D. 辅助
24. G98G01X100F50 中的 F50 表示（　　）。
    A. 50mm/r　　B. 50mm/min　　C. 50mm/s　　D. 50r/mm
25. M03 表示（　　）。
    A. 顺时针　B. 主轴顺时针旋转　C. 程序结束　D. 主轴逆时针旋转
26. 进给速度 F 的单位为（　　）。
    A. m/min　　　　　　　　　　　B. mm/min
    C. r/min　　　　　　　　　　　D. mm/r 或 mm/min
27. 圆弧插补中的 F 指令为沿（　　）的进给率或进给速度。
    A. 圆弧法线　B. X 方向　　C. 圆弧切线方向　D. Z 方向
28. 在 FANUC 数控系统中，用于指定进给速度的指令是 F，其单位是（　　）。
    A. mm/min　　B. r/min　　　C. r/mm　　　D. mm/r
29. 程序段 G01F15.5 表示（　　）。
    A. 进给速度为 15.5mm/min　　　B. 主轴线速度为 15.5m/min
    C. 进给速度为 15.5mm/r　　　　D. 主轴线速度为 15.5mm/s
30. T0305 中的 03 的含义（　　）。
    A. 刀具号　　　　　　　　　　　B. 刀偏号
    C. 刀具长度补偿号和刀尖圆弧半径补偿号　　D. 刀补号
31. （　　）表示程序结束并自动复位到程序起始位置。
    A. M05　　　B. M99　　　C. M01　　　D. M30
32. FANUC 系统（　　）表示程序停止，若要继续执行下面程序，需按循环启动按（　　）。
    A. M00　　　B. M01　　　C. M99　　　D. M98
33. M06 表示（　　）。
    A. 刀具锁紧状态指令　　　　　B. 主轴定向指令
    C. 换刀指令　　　　　　　　　D. 刀具交换错误警示
34. 在数控系统中，用来规定主轴正转的指令代码是（　　）。
    A. M00　　　B. M02　　　C. M03　　　D. M04
35. 在数控系统中，用来打开冷却液的指令代码是（　　）。
    A. M06　　　B. M08　　　C. M09　　　D. M10
36. 如果使用暂停指令 G04，欲让刀具停留 1.5s 时，程序段应为（　　）。
    A. G04X1.5　B. G04P1.5　C. G04U1.5　D. G04P150
37. 数控机床进行第二切削液开的指令为（　　）。
    A. M07　　　B. M08　　　C. M09　　　D. M10

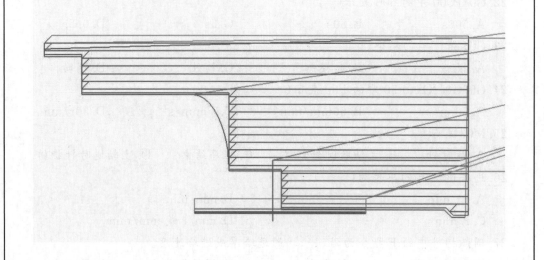

模块七

数控车床循环指令编程方法

知识目标

1. 了解主程序和子程序的概念。
2. 了解端面切削单一循环指令 G94 和端面粗加工复合循环 G72 的应用。
3. 掌握外圆切削单一循环指令 G90 和外圆粗加工复合循环 G71 的应用。
4. 掌握固定形状切削复合循环 G73 和精车复合循环 G70 的应用。
5. 掌握螺纹加工自动循环指令 G32、G92、G76 的应用。
6. 掌握数控加工的刀具半径补偿方法。

技能目标

1. 正确编写典型轴类零件的加工程序。
2. 正确编写典型套类零件的加工程序。
3. 正确编写汽车前减振器下销零件的加工程序。
4. 正确编写汽车转向节零件的加工程序。

7.1 内外直径的切削循环

当车削加工余量较大,需要多次进刀切削加工时,可采用循环指令编写加工程序,这样可减少程序段的数量,缩短编程时间和提高数控机床工作效率。根据刀具切削加工的循环路线不同,循环指令可分为单一固定循环指令和多重复合循环指令。

7.1.1 单一固定循环指令

对于加工几何形状简单、刀具走刀路线单一的工件,可采用固定循环指令编程,即只需用一条指令、一个程序段就能完成刀具的多步动作。固定循环指令中刀具的运动分四步:进刀、切削、退刀与返回。

1. 外圆切削循环指令(G90)

指令格式:G90　X(U)_Z(W)_R_F_;

指令功能:实现外圆切削循环和锥面切削循环。

刀具从循环起点按图 7-1 与图 7-2 所示走刀路线,最后返回到循环起点。图中虚线表示按 R 快速移动,实线表示按 F 指定的工件进给速度移动。

指令说明:X、Z 表示切削终点坐标值;U、W 表示切削终点相对循环起点的坐标分量;R 表示切削始点与切削终点在 X 轴方向的坐标增量(半径值),即 $R = 1/2(X_{切削起点} - X_{切削终点})$,外圆切削循环 R 为零时,可省略;F 表示进给速度;切削循环结束后刀具回到循环起点。

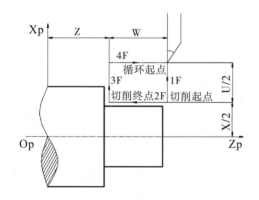

图 7-1　外圆切削循环

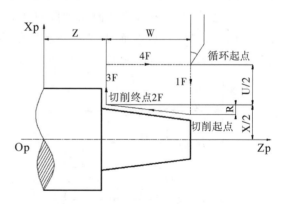

图 7-2　锥面切削循环

例题如图 7-3 所示,运用外圆切削循环指令编程,假设 A 点坐标为(100,80)。

G00 X100. Z80.;　　　　　(快速移动刀具至外圆切削循环起点 A)
G90 X40. Z20. F30;　　　　A→B→C→D→A
　　X30.;　　　　　　　　A→E→F→D→A
　　X20.;　　　　　　　　A→G→H→D→A

例题如图 7-4 所示,运用锥面切削循环指令编程。

G00 X100. Z80.;　　　　　(快速移动刀具至外圆切削循环起点 A)

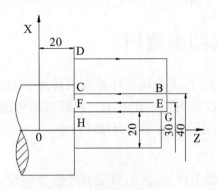

图 7-3 外圆切削循环

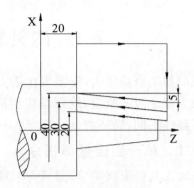

图 7-4 锥面切削循环

G90 X40Z20.R－5.F30；　　　　A→B→C→D→A
　　 X30.R－5.；　　　　　　　　A→E→F→D→A
　　 X20.R－5.；　　　　　　　　A→G→H→D→A

采用 G90 指令加工外圆时，可以看到 X 值在减小。G90 指令也可用于内孔轮廓加工（扩孔），此时将循环起始点 A 定在靠近轴线处，编程中的 X 值逐渐增大。

2. 端面切削循环指令（G94）

指令格式：G94X(U)_Z(W)_R_F_；

指令功能：实现端面切削循环和带锥度的端面切削循环。

刀具从循环起点，按图 7-5 与图 7-6 所示路线走刀，最后返回到循环起点。图中虚线表示按 R 快速移动，实线按 F 指定的进给速度移动。

指令说明：X、Z 表示端平面切削终点坐标值；U、W 表示端面切削终点相对循环起点的坐标分量；R 表示端面切削始点至切削终点位移在 Z 轴方向的坐标增量，即 $R=Z_{切削起点}-Z_{切削终点}$，端面切削循环 R 为零时，可省略；F 表示进给速度。

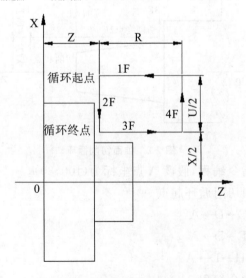

图 7-5 端面切削循环

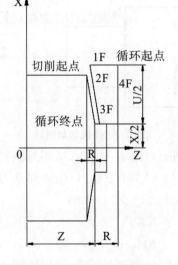

图 7-6 带锥度的端面切削循环

例题如图 7-7 所示，运用端面切削循环指令编程。

模块七 数控车床循环指令编程方法

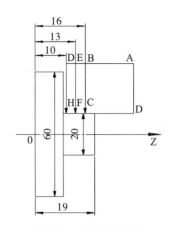

图 7-7 端面切削循环

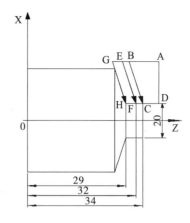

图 7-8 带锥度的端面切削循环

G00 X100.Z80.;（快速移动刀具至外圆切削循环起点 A）
G94 X20.Z16.F30;　　　　A→B→C→D→A
　　Z13.;　　　　　　　　A→E→F→D→A
　　Z10.;　　　　　　　　A→G→H→D→A

例题如图 7-8 所示，运用带锥度端面切削循环指令编程。
G00X100.Z80.;（快速移动刀具至外圆切削循环起点 A）
G94 X20.Z34.R－4.F30;　　A→B→C→D→A
　　Z32.R－4.;　　　　　A→E→F→D→A
　　Z29.R－4.;　　　　　A→G→H→D→A

G92 命令也可用于内孔加工。

7.1.2 多重复合循环指令

运用这组 G 代码，可以加工形状较复杂的零件。编程时只需指定精加工路线和粗加工背吃刀量，系统会自动计算出粗加工路线和加工次数，因此编程效率更高。

在这组指令中，G71、G72、G73 是粗车加工指令；G70 是 G71、G72、G73 粗加工后的精加工指令；G74 是深孔钻削固定循环指令；G75 是切槽固定循环指令；G76 是螺纹加工固定循环指令。

1. 外圆粗加工复合循环（G71）

指令格式：G71　UΔd　Re;
　　　　　G71　PnsQnfUΔuWΔwFfSsTt;

指令功能：切除棒料毛坯大部分加工余量，切削沿平行 Z 轴方向进行（如图 7-9 所示），A 为循环起点，A—A′—B 为精加工路线。

指令说明：Δd 表示每次切削深度（半径值），无正负号；e 表示退刀量（半径值），无正负号；ns 表示精加工路线第一个程序段的顺序号；nf 表示精加工路线最后一个程序段的顺序号；Δu 表示 X 方向的精加工余量，直径值；Δw 表示 Z 方向的精加工余量。

例题如图 7-10 所示，运用外圆粗加工循环指令编程。
N010G50X150.Z100.;

N020G00X41.Z0.;
N030G71U2.R1.;
N040G71P50Q120U0.5W0.2F0.1;

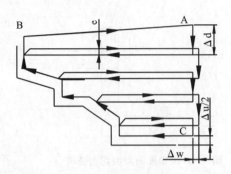

图 7-9 外圆粗加工循环

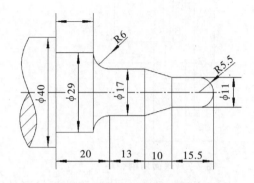

图 7-10 外圆粗加工循环指令

N050G01X0Z0;
N060G03X11.W－5.5R5.5;
N070G01W－10.;
N080X17.W－10.;
N090W－15.;
N100G02X29.W－7.348R7.5;
N110G01W－12.652;
N120X41.;
N130G70P050Q120F0.05;

G71用于工件内孔轮廓加工时,就自动生成内孔粗车循环,此时径向精车余量Δu应指定为负值,其余不变。

2. 端面粗加工复合循环(G72)

指令格式:G72WΔdRe;
G72PnsQnfUΔuWΔwFfSsTt;

指令功能:除切削是沿平行X轴方向进行外,该指令功能与G71相同,如图7-11所示。

指令说明:Δd、e、ns、nf、Δu、Δw的含义与G71相同。

例题如图7-12所示,运用端面粗加工循环指令编程。

N010G50X150.Z100.;
N020G00X41.Z1.;
N030G72W1.R1.;
N040G72P050Q080U0.1W0.2F100;
N050G00X41.Z－31.;
N060G01X20.Z－20.;
N070Z－2.;
N080X14.Z1.;

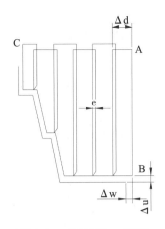

图 7-11 端面粗加工循环

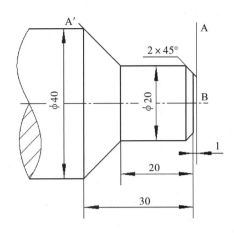

图 7-12 端面粗加工循环指令编程

N090G70P050Q080F30;

3. 固定形状切削复合循环(G73)

指令格式：G73UΔiWΔkRd;
　　　　　G73PnsQnfUΔuWΔwFfSsTt;

指令功能：适合加工铸造、锻造成形的一类工件，如图7-13所示。

指令说明：Δi 表示 X 轴向总退刀量(半径值)；Δk 表示 Z 轴向总退刀量；d 表示循环次数(数字后不能加小数点，否则出错)；ns 表示精加工路线第一个程序段的顺序号；nf 表示精加工路线最后一个程序段的顺序号；Δu 表示 X 方向的精加工余量(直径值)；Δw 表示 Z 方向的精加工余量。

固定形状切削复合循环指令的特点：

(1)刀具轨迹平行于工件的轮廓，故适合加工铸造和锻造成形的坯料。

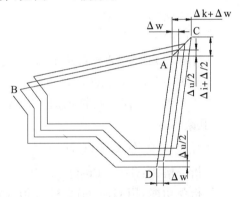

图 7-13 固定形状切削复合循环

(2)背吃刀量分别通过 X 轴方向总退刀量 Δi 和 Z 轴方向总退刀量 Δk 除以循环次数 d 求得。

(3)总退刀量 Δi 与 Δk 值的设定与工件的切削深度有关。

(4)使用固定形状切削复合循环指令，首先要确定换刀点、循环点 A、切削始点 A′和切削终点 B 的坐标位置。分析图7-13，A 点为循环点，A′→B 是工件的轮廓线，A→A′→B 为刀具的精加工路线，粗加工时刀具从 A 点后退至 C 点，后退距离分别为 Δi+Δu/2、Δk+Δw，这样粗加工循环之后自动留出精加工余量 Δu/2、Δw。

(5)顺序号 ns 至 nf 之间的程序段描述刀具切削加工的路线。

例题如图7-14所示，运用固定形状切削复合循环指令编程。

N010G50X100.Z100.;
N020G00X50.Z10.;
N030G73U18.W5.R10.;

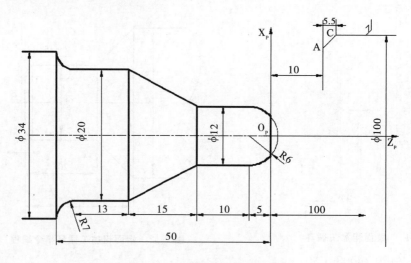

图 7-14 固定形状切削复合循环

N040G73P050Q100U0.5W0.5F100;
N050G01X0Z1.;
N060G03X12.W-6.R6.;
N070G01W-10.;
N080X20.W-15.;
N090W-13.;
N100G02X34.W-7.R7.;
N110G70P050Q100F30;

G73 用于工件内孔轮廓加工时,此时 Δi 为负值、Δk 为正、径向精车余量 Δu 应为负值,其余不变。

4. 精车复合循环(G70)

指令格式:G70　PnsQnf;

指令功能:用 G71、G72、G73 指令粗加工完毕后,可用精加工循环指令,使刀具进行 A—A、B—B 的精加工(仍以图 7-14 为例)。

指令说明:ns 表示指定精加工路线第一个程序段的顺序号;nf 表示指定精加工路线最后一个程序段的顺序号。

G70～G73 循环指令调用 N(ns) 至 N(nf) 之间程序段:

(1) 其中程序段中不能调用子程序。

(2) P、Q 所指向的始、终程序段号 ns 和 nf,在程序内唯一,不区分大小,始程序段号在前,终程序段号在后,循环按自然行读取、执行。

(3) N(ns) 至 N(nf) 之间的程序段,不允许有其他循环指令嵌套,所描述的轨迹轮廓不能闭合。

(4) 零件轮廓在 X 和 Z 方向必须单调增加或减少。

5. 复合固定循环举例(G71 与 G70)

加工如图 7-15 所示零件,其毛坯为棒料。工艺设计参数为:粗加工时切深为 3mm,

退刀量为 1mm,进给速度为 0.3mm/r,主轴转速为 500r/min;X向(直径上)精加工余量为 0.6mm,Z向精加工余量为 0.3mm,进给速度为 0.15mm/r,主轴转速为 800mm/min。程序设计如下:

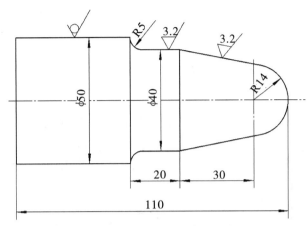

图 7-15 复合固定循环指令实例

O1544;
M03S500T0101;
G00X53.Z3.;
G71U3.R1.;
G71P1Q2U0.6W0.3F0.3;
N1G00X0Z0;
G03U28.W－14.R14.;
G01X39.9875W－30.;
W－20.R5.;(R5 圆弧)
X50.;
N2Z－110.;
G70P1Q2S00F0.15;
T0100;
G28;(回参考点)
M05;
M30;

7.2 螺纹加工自动循环指令

在数控车床上加工螺纹,可以分为:
(1)单行程螺纹切削指令(G32,G33,G34);
G33—非整数导程螺纹加工,英制转换为公制螺纹时出现;
G34—变导程螺纹切削指令;
(2)简单螺纹切削循环指令(G92);

(3)螺纹切削复合循环指令(G76)。

7.2.1 单行程螺纹切削指令 G32

1. 指令格式

G32 X(U)_Z(W)_F_;

2. 指令功能

切削加工圆柱螺纹、圆锥螺纹和平面螺纹。

3. 指令说明

(1)F 表示螺纹导程,对于圆锥螺纹(如图 7-16 所示),其斜角 α 在 45°以下时,螺纹导程以 Z 轴方向指定;斜角 α 在 45°～90°时,以 X 轴方向指定。

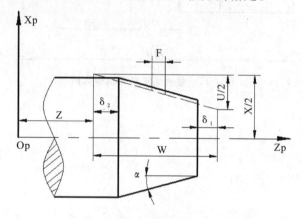

图 7-16 螺纹切削

(2)圆柱螺纹切削加工时,X、U 值可以省略,格式为:G32 Z(W)_F_;

(3)端面螺纹切削加工时,Z、W 值可以省略,格式为:G32 X(U)_F_;

(4)螺纹切削应注意在两端设置足够的升速进刀段 δ1 和降速退刀段 δ2,即在程序设计时,应将车刀的切入、切出、返回均编入程序中。

例:螺纹切削,如图 7-17 所示,走刀路线为 A—B—C—D—A,切削圆锥螺纹,螺纹导程为 4mm,δ1＝3mm,δ2＝2mm,每次背吃刀量为 1mm,切削深度为 2mm。

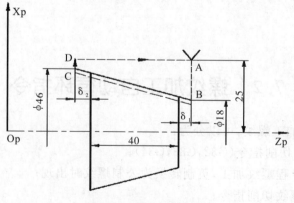

图 7-17 螺纹切削应用

G00X16.;
G32X44.W－45.F4.;
G00X50.;
W45.;
X14.;
G32X42.W－45.F4.;
G00X50.;W45.;

7.2.2 螺纹切削循环指令(G92)

1. 指令格式

G92 X(U)_Z(W)_R_F_;

2. 指令功能

切削圆柱螺纹和锥螺纹,刀具从循环起点,按图 7-18 与图 7-19 所示走刀路线,最后返回到循环起点,图中虚线表示按 R 快速移动,实线表示按 F 指定的进给速度移动。

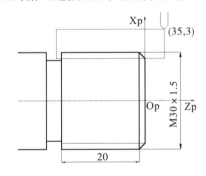

图 7-18 切削圆柱螺纹

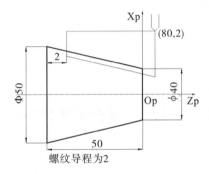

图 7-19 切削锥螺纹

3. 指令说明

(1)X、Z 表示螺纹终点坐标值。

(2)U、W 表示螺纹终点相对循环起点的坐标分量。

(3)R 表示锥螺纹始点与终点在 X 轴方向的坐标增量(半径值),圆柱螺纹切削循环 R 为零时,可省略。

(4)F 表示螺纹导程。

4. 例题

如图 7-20 所示,运用圆柱螺纹切削循环指令编程。

G50X100.Z50.;
G97S300;
T0101M03;
G00X35.Z3.;
G92X29.2Z－21.F1.5;
X28.6;
X28.2;

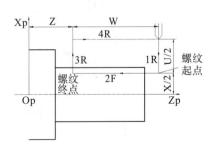

图 7-20 圆柱螺纹切削

X28.04；

T0100；G00X100.Z50.；

M05；M30；

5. 例题

如图 7-21 所示，运用锥螺纹切削循环指令编程。

G50X100.Z50.；

G97S300；

T0101M03；

G00X80.Z2.；

G92X49.6Z−48.R−5.F2；

X48.7；

X48.1；

X47.5；

X47.1；

X47；

T0100；

G00X100.Z50.；

M05；M30；

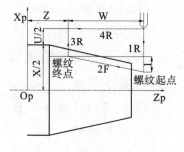

图 7-21 锥螺纹切削

7.2.3 螺纹切削复合循环(G76)

1. 指令格式

G76PmrαQΔd_{min}Rd；

G76X(U)_Z(W)_RIPkQΔdFf；

2. 指令功能

该螺纹切削循环的工艺性比较合理，编程效率较高，螺纹切削循环路线及进刀方法如图 7-22 所示。

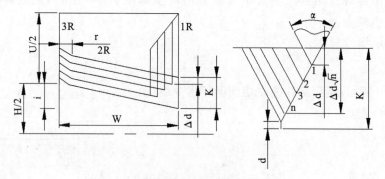

图 7-22 螺纹切削复合循环路线及进刀法

3. 指令说明

(1) m 表示精车重复次数，从 1～99。

(2) r 表示斜向退刀量单位数或螺纹尾端倒角值,在 $0.0f\sim9.9f$ 之间,以 $0.1f$ 为单位(即为 0.1 的整数倍),用 00~99 两位数字指定,其中 f 为螺距。

(3) α 表示刀尖角度,从 80°、60°、55°、30°、29°、0°六个角度选择。

(4) $\Delta d_{\min}$:表示最小切削深度,当计算深度小于 $\Delta d_{\min}$,则取 $\Delta d_{\min}$ 作为切削深度。

(5) d:表示精加工余量,用半径编程指定。

(6) X、Z:表示螺纹终点的坐标值。

(7) U、W 表示增量坐标值。

(8) I:表示锥螺纹的半径差,若 I=0,则为直螺纹。

(9) k:表示螺纹高度(X 方向半径值)。

(10) Δd:表示第一次粗切深(半径值)。

(11) f:表示螺纹导程。

7.3 数控加工的刀具半径补偿

在车削过程中,刀尖圆弧半径中心与编程轨迹会偏移一个刀尖圆弧半径值 R,用指令补偿因刀尖半径引起的偏差的这种偏置功能,称为刀具半径补偿。具有补偿功能的数控车床在编程时,不用计算刀尖半径中心轨迹,只要按工件轮廓编程即可(按照加工图上的尺寸编写程序)。

在执行刀具半径补偿时,刀具会自动偏移一个刀具半径值。当刀具磨损、刀尖半径变小,或刀具更换、刀尖半径变大时,只需更改输入刀具半径的补偿值,不需修改程序。补偿值可通过手动输入方式,从控制面板输入,数控系统会自动计算出刀具半径中心运动轨迹。

1. 刀具半径补偿的方法

假设刀具的半径为零,直接根据零件的轮廓形状进行编程。把实际的刀具半径存放在一个可编程刀具半径偏置寄存器中 D♯♯(可编程刀具半径偏置寄存器号)。CNC 系统将该编号(寄存器号)对应的偏置寄存器中存放的刀具半径取出,对刀具中心轨迹进行补偿计算,生成实际的刀具中心运动轨迹。

2. 刀具半径补偿指令

(1) 刀具半径左补偿 用 G41 定义,刀具位于工件左侧,如图 7-23 所示。

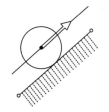

图 7-23 刀具半径左补偿图

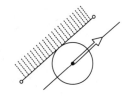

图 7-24 刀具半径右补偿图

(2) 刀具半径右补偿 用 G42 定义,刀具位于工件右侧,如图 7-24 所示。

(3) 取消刀具半径补偿 G40。

(4)刀具半径偏置寄存器号 用非零的D##代码选择。

(5)在建立和取消刀尖半径补偿在G00、G01指令中加载,不允许在G02、G03指令中加载。

例:

正确: 　　　　　　　　　　　　错误:

……

T0202G41G01X100.Z－10.F0.5.;　　T0202G01X100.Z－10.F0.5;

G02X120.Z－20.R20.;　　　　　　G41G02X120.Z－20.R20.;

G40G01X140.;　　　　　　　　　G40;G01X140.;

3. 刀具刀尖半径补偿编码

刀具代码T中的补偿号对应存储单元中存放的一组数据:X轴、Z轴的位置补偿值,圆弧半径补偿值和假想刀尖位置代号(0~9)。操作时,先将每一把刀具的四个数据分别设定到对应的存储单元中,在程序中分别加载这些刀具半径补偿数据,自动加工就可以实现自动补偿。假想刀尖位置代号是对不同形式刀具的一种编码,如图7-25所示。

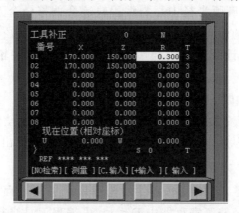

图7-25 后置刀架刀具圆弧半径补偿位置编码

刀具圆弧半径补偿设定对应在"T"项,设置情况如图7-26所示。

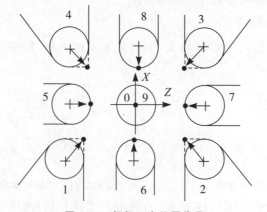

图7-26 假想刀尖位置代号

7.4 主程序和子程序

7.4.1 主程序

程序分为主程序和子程序,通常 CNC 系统按主程序指令运行。但在主程序中遇见调用子程序的情形时,则 CNC 系统将按子程序的指令运行,在子程序调用结束后控制权重新交给主程序。CNC 存储区内可存 125 个主程序和子程序。程序开始的程序号用 EIA 标准代码 O 地址指令。

7.4.2 子程序

在程序中有一些顺序固定或反复出现的加工图形,把这些作为子程序,预先写入到存储器中,可大大简化程序。子程序和主程序必须存在同一个文件中,调出的子程序可以再调用另一个子程序,通常将主程序调用子程序称为一种子程序调用,子程序调用子程序称为多重调用。一个子程序可被多次调用,一次调用指令可以重复 999 次调用。

1.子程序的编制

在子程序的开始为 O 地址指定的程序号、子程序中,最后结束子程序指令 M99,为一单独程序段。

2.子程序的执行

(1)子程序是由主程序或上层子程序调用并执行的。

(2)子程序调用指令:M98P＊＊＊＊＊＊＊;

前面三位:调用子程序次数;后面四位:子程序号。

(3)子程序调用次数的默认值为 1。

(4)例 1:M98P0051002(可表示为 M98P51002),1002 号子程序被连续调用 5 次。

(5)指令说明:

①M98 指令可与刀具移动指令放于同一程序段中。

②子程序和主程序不能在同一个文件中。

③子程序名和主程序名不得相同。

④M98、M99 信号不输出到机床处。

⑤当找不到 P 地址指定的子程序号时报警。

⑥在 MDI 下使用 M98P＊＊＊＊调用指定的子程序是无效的。

⑦当子程序调用一次时,可省略调用次数,例如 M98P2;调用 2 号子程序一次。

⑧若在主程序中插入 M99P 程序段,当程序跳步选择开关为"OFF"时,则返回到主程序中由 P 指定的程序段;当程序跳步选择开关为"ON"时,则跳过该程序段,执行其下面的程序段。

实训任务 汽车典型零件加工程序优化分析

任务一 典型轴类零件加工各工序程序优化分析(一)(见附录1)

O0001；T0101 外圆粗车刀、T0202 外圆精车刀、T0303 切槽刀、T0404 内孔镗刀、T0505 外螺纹刀、T0606 内螺纹刀。

程序段号	程序段	程序段结束	说明
N0010	G40G21G98	;	外圆粗加工
N0020	M04S600	;	
N0030	T0101	;	外圆粗车刀
N0040	G00X60	;	
N0050	Z2	;	
N0060	G71U1R1	;	
N0070	G71P80Q110U0.5W0F200	;	
N0080	N80G42G00X52	;	
N0090	G01Z0	;	
N0100	Z−55	;	
N0110	G40X55	;	
N0120	G00X100Z100	;	
N0130	M05	;	
N0140	M00	;	外圆精加工
N0150	M04S1000	;	
N0160	T0202	;	外圆精车刀
N0170	G00X60	;	
N0180	Z2	;	
N0190	G70P80Q110F100	;	
N0200	G00X100Z100	;	
N0210	M05	;	
N0220	M00	;	外圆槽加工
N0230	M04S400	;	
N0240	T0303	;	外圆槽刀
N0250	G00X54	;	
N0260	Z−38	;	
N0270	G01X32F80	;	
N0280	X54	;	
N0290	W4	;	
N0300	X32	;	
N0310	X54	;	
N0320	Z−45.15	;	
N0330	X40W7.15	;	
N0340	X54	;	

续上表

程序段号	程序段	程序段结束	说明
N0350	W11.15	;	
N0360	X40W−7.15	;	
N0370	X54	;	内孔粗加工
N0380	G00X100Z100	;	
N0390	M05	;	内孔镗刀
N0400	M00	;	
N0410	M04S600	;	
N0420	T0404	;	
N0430	G00X22Z2	;	
N0440	G71U1R1	;	
N0450	G71P430Q470U−0.5W0F200	;	
N0460	G41G00X22	;	
N0470	G01Z2F100	;	
N0480	X26	;	
N0490	Z−25	;	
N0500	G40X22	;	
N0510	G00Z30	;	内孔精加工
N0520	X100	;	
N0530	M05	;	内孔镗刀
N0540	M00	;	
N0550	M04S1000	;	
N0560	T0404	;	
N0570	G00X22Z2	;	
N0580	G70P430Q470F100	;	
N0590	G00Z30	;	
N0600	X100	;	
N0610	M05M30	;	

O0002；T0202 外圆精车刀、T0303 切槽刀、T0404 内孔镗刀、T0505 外螺纹刀、T0606 内螺纹刀。

程序段号	程序段	程序段结束	说明
N0010	G40G21G98	;	外圆粗加工
N0020	M04S1000	;	
N0030	T0202	;	外圆粗车刀
N0040	G00X60	;	
N0050	Z2	;	
N0060	G73U12R10	;	
N0070	G73P80Q160U0.5W0F200	;	
N0080	G42G00X30	;	

续上表

程序段号	程序段	程序段结束	说明
N0090	G01Z2	;	
N0100	Z-25	;	
N0110	X35	;	
N0120	G03X37.11Z-37.32R8	;	
N0130	G02X36W-13.81R10	;	
N0140	G03X37.47Z-82R24	;	
N0150	G01W-8	;	
N0160	X55	;	
N0170	G00X100Z100	;	
N0180	M05	;	
N0190	M00	;	外圆精加工
N0200	M04S1000	;	
N0210	T0202	;	外圆精车刀
N0220	G00X60	;	
N0230	Z2	;	
N0240	G70P80Q160F100	;	
N0250	G00X100Z100	;	
N0260	M05	;	
N0270	M00	;	外圆槽加工
N0280	M04S400	;	
N0290	T0303	;	外圆切槽刀
N0300	G00X55	;	
N0310	Z-90	;	
N0320	G01X35F100	;	
N0330	X40	;	
N0340	W4	;	
N0350	X35	;	
N0360	X55	;	
N0370	G00X100Z100	;	
N0380	M05	;	
N0390	M00	;	外圆螺纹加工
N0400	M04S300	;	
N0410	T0505	;	外圆螺纹车刀
N0420	G00X32Z2	;	
N0430	G92X29.2Z-20F2	;	
N0440	X28.6	;	
N0450	X28	;	
N0460	X27.6	;	
N0470	X27.4	;	
N0480	M05	;	
N0490	M30	;	

典型轴类零件加工程序优化分析(二)(见附录2)

O0001；T0101 外圆粗车刀、T0202 外圆精车刀、T0303 切槽刀、T0404 内孔镗刀、T0505 外螺纹刀、T0606 内螺纹刀。

程序段号	程序段	程序段结束	说明
N0010	G40G21G98	;	外圆粗加工
N0020	M04S600	;	
N0030	T0101	;	外圆粗车刀
N0040	G00X80	;	
N0050	Z2	;	
N0060	G71U1R1	;	
N0070	G71P80Q150U0.5W0F200	;	
N0080	G00G42X51	;	
N0090	G01Z0F100	;	
N0100	G03X55Z－3R3	;	
N0110	G01Z－25	;	
N0120	X72W－15	;	
N0130	W－5	;	
N0140	G02X72W－15R20	;	
N0150	N150G01G40U2	;	
N0160	G00X100Z100	;	
N0170	M05	;	
N0180	M00	;	外圆精加工
N0190	M04S1000	;	
N0200	T0202	;	外圆精车刀
N0210	G00X80	;	
N0220	Z2	;	
N0230	G70P80Q150F100	;	
N0240	G00X100Z100	;	
N0250	M05	;	
N0260	M00	;	内孔粗加工
N0270	M04S600	;	
N0280	T0404	;	内孔镗刀
N0290	G00X22Z2	;	
N0300	G71U1R1	;	
N0310	G71P320Q380U－0.5W0F200	;	
N0320	G01G41X44	;	
N0330	Z0	;	
N0340	X42Z－1	;	
N0350	Z－8	;	
N0360	X30	;	
N0370	Z－28	;	

续上表

程序段号	程序段	程序段结束	说明
N0380	G40X25	;	
N0390	G00Z30	;	
N0400	X100	;	
N0410	M05	;	
N0420	M00	;	内孔精加工
N0430	M04S1000	;	
N0440	T0404	;	内孔镗刀
N0450	G00X22Z2	;	
N0460	G70P320Q380F100	;	
N0470	G00Z30	;	
N0480	X100	;	
N0490	M05	;	
N0500	M30	;	

O0002；T0101 外圆粗车刀、T0202 外圆精车刀、T0303 切槽刀、T0404 内孔镗刀、T0505 外螺纹刀、T0606 内螺纹刀。

程序段号	程序段	程序段结束	说明
N0010	G40G21G98	;	外圆粗加工
N0020	M04S600	;	
N0030	T0101	;	外圆粗车刀
N0040	G00X80	;	
N0050	Z2	;	
N0060	G71U1R1	;	
N0070	G71P80Q180U0.5W0F200	;	
N0080	G42G00X28	;	
N0090	G01Z0	;	
N0100	X30Z−1	;	
N0110	Z−23	;	
N0120	X40	;	
N0130	Z−30	;	
N0140	X60	;	
N0150	W−20	;	
N0160	X70	;	
N0170	W−5	;	
N0180	G40U2	;	
N0190	G00X100Z100	;	
N0200	M05	;	外圆精加工
N0210	M00	;	
N0220	M04S1000	;	外圆精车刀

续上表

程序段号	程序段	程序段结束	说明
N0230	T0202	;	
N0240	G00X80	;	
N0250	Z2	;	
N0260	G70P80Q180F100	;	
N0270	G00X100Z100	;	
N0280	M05	;	椭圆加工
N0290	M00	;	
N0300	M04S1000	;	外圆精车刀
N0310	T0202	;	
N0320	G00X40	;	
N0330	Z-30	;	
N0340	#1=5	;	
N0350	N340IF[#1LT0]GOTO390	;	
N0360	#2=2*SQRT[25-#1*#1]	;	
N0370	G01X[2*#2+40]Z[#1-35]F100	;	
N0380	#1=#1-0.2	;	
N0390	GOTO350	;	
N0400	G00X100Z100	;	
N0410	M05	;	外圆槽加工
N0420	M00	;	
N0430	M04S400	;	外圆槽刀
N0440	T0303	;	
N0450	G00X42Z2	;	
N0460	G01Z-23F100	;	
N0470	X26	;	
N0480	X42	;	
N0490	G00X100Z100	;	
N0500	M05	;	外圆螺纹加工
N0510	M00	;	
N0520	M04S300	;	外螺纹刀
N0530	T0505	;	
N0540	G00X32Z2	;	
N0550	G92X29.2Z-21F1.5	;	
N0560	X28.6	;	
N0570	X28.2	;	
N0580	X28.04	;	
N0590	G00X100Z100	;	
N0600	M05	;	
N0610	M30	;	

任务二 典型套类零件加工程序优化分析(见附录3)

O0001;T0101 外圆粗车刀、T0202 外圆精车刀、T0303 切槽刀、T0404 内孔镗刀、T0505 外螺纹刀、T0606 内螺纹刀。

程序段号	程序段	程序段结束	说明
N0010	G40G21G98	;	外圆粗加工
N0020	M04S600	;	
N0030	T0101	;	外圆粗车刀
N0040	G00X80	;	
N0050	Z2	;	
N0060	G71U1R1	;	
N0070	G71P80Q120U0.5W0F200	;	
N0080	G00X68	;	
N0090	G01Z0F100	;	
N0100	G03X72Z-2R2	;	
N0110	G01Z-25	;	
N0120	U2	;	
N0130	G00X100Z100	;	
N0140	M05	;	
N0150	M00	;	外圆精加工
N0160	M04S1000	;	
N0170	T0202	;	外圆精车刀
N0180	G00X80	;	
N0190	Z2	;	
N0200	G70P80Q120F100	;	
N0210	G00X100Z100	;	
N0220	M05	;	
N0230	M00	;	内孔粗加工
N0240	M04S600	;	
N0250	T0202	;	内孔镗刀
N0260	G00X22Z2	;	
N0270	G71U1R1	;	
N0280	G71P290Q390U-0.5W0F200	;	
N0290	G01X62	;	
N0300	Z0	;	
N0310	X60Z-1	;	
N0320	Z-5	;	
N0330	X40	;	
N0340	Z-30	;	
N0350	X32	;	
N0360	Z-35	;	
N0370	X28.04	;	

· 176 ·

续上表

程序段号	程序段	程序段结束	说明
N0380	Z-55	;	
N0390	X22	;	
N0400	G00Z100	;	
N0410	X100	;	
N0420	M05	;	
N0430	M00	;	内孔精加工
N0440	M04S1000	;	
N0450	T0404	;	内孔镗刀
N0460	G00X22Z2	;	
N0470	G70P290Q390F100	;	
N0480	G00X100Z100	;	
N0490	M05	;	
N0500	M00	;	
N0510	M04S300	;	内孔螺纹
N0520	T0606	;	
N0530	G00X22Z2	;	内孔螺纹刀
N0540	G01Z-33F100	;	
N0550	G92X28.84Z-57F1.5	;	
N0560	X29.44	;	
N0570	X29.84	;	
N0580	X30	;	
N0590	G00Z100	;	
N0600	X100	;	
N0610	M05	;	
N0620	M30	;	

O0002；T0101 外圆粗车刀、T0202 外圆精车刀、T0303 切槽刀、T0404 内孔镗刀、T0505 外螺纹刀、T0606 内螺纹刀。

程序段号	程序段	程序段结束	说明
N0010	G40G21G98	;	外圆粗加工
N0020	M04S600	;	
N0030	T0101	;	外圆粗车刀
N0040	G00X80	;	
N0050	Z2	;	
N0060	G71U1R1	;	
N0070	G71P80Q130U0.5W0F200	;	
N0080	G00X68	;	
N0090	G01Z0F100	;	
N0100	G03X72Z-2R2	;	
N0110	G01Z-15	;	

续上表

程序段号	程序段	程序段结束	说明
N0120	G02X72W-15R15	;	
N0130	G01U2	;	
N0140	G00X100Z100	;	
N0150	M05	;	
N0160	M00	;	外圆精加工
N0170	M04S1000	;	
N0180	T0202	;	外圆精车刀
N0190	G00X80	;	
N0200	Z2	;	
N0210	G70P80Q130F100	;	
N0220	G00X100Z100	;	
N0230	M05	;	
N0240	M00	;	内孔倒角
N0250	M04S600	;	
N0260	T0606	;	内孔镗刀
N0270	G00X22Z2	;	
N0280	G01X30F100	;	
N0290	Z0	;	
N0300	X28Z-1	;	
N0310	G00Z100	;	
N0320	X100	;	
N0330	M05 M30	;	

任务三 汽车前减振器下销零件加工程序优化分析(见附录4)

O0001;T0202外圆精车刀、T0505外螺纹刀。

程序段号	程序段	程序段结束	说明
N0010	G40G21G98	;	外圆粗加工
N0020	M04S600	;	
N0030	T0101	;	外圆粗车刀
N0040	G00X30	;	
N0050	Z2	;	
N0060	G71U1R1	;	
N0070	G71P80Q180U0.5W0F200	;	
N0080	N80G00X15	;	
N0090	G01Z0F100	;	
N0100	X18Z-1	;	
N0110	G01Z-32	;	
N0120	X22	;	
N0130	X25W-1.5	;	

续上表

程序段号	程序段	程序段结束	说明
N0140	Z-100	;	
N0150	X33	;	
N0160	X36W-1	;	
N0170	Z-120	;	
N0180	N180U2	;	
N0190	G00X100Z100	;	
N0200	M05	;	
N0210	M00	;	外圆精加工
N0220	M04S1000	;	
N0230	T0202	;	外圆精车刀
N0240	G00X30	;	
N0250	Z2	;	
N0260	G70P80Q180F100	;	
N0270	G00X100Z100	;	
N0280	M05	;	
N0290	M00	;	外螺纹加工
N0300	M04S300	;	
N0310	T0505	;	外螺纹刀
N0320	G00X20Z2	;	
N0330	G92X17.2Z-20F1.5	;	
N0340	X16.6	;	
N0350	X16.2	;	
N0360	X16.04	;	
N0370	G00X100Z100	;	
N0380	M05	;	
N0390	M30	;	

O0002；T0202外圆精车刀、T0505外螺纹刀。

程序段号	程序段	程序段结束	说明
N0010	G40G21G98	;	外圆粗加工
N0020	M04S600	;	
N0030	T0101	;	外圆粗车刀
N0040	G00X42	;	
N0050	Z2	;	
N0060	G71U1R1	;	
N0070	G71P80Q170U0.5W0F200	;	
N0080	N80G00X15	;	
N0090	G01Z0F100	;	
N0100	X18Z-1	;	
N0110	G01Z-23	;	

续上表

程序段号	程序段	程序段结束	说明
N0120	X23	;	
N0130	X26W−1.5	;	
N0140	Z−76	;	
N0150	X33	;	
N0160	X36W−1	;	
N0170	U2	;	
N0180	G00X100Z100	;	
N0190	M05	;	
N0200	M00	;	外圆精加工
N0210	M04S1000	;	
N0220	T0202	;	外圆精车刀
N0230	G00X40	;	
N0240	Z2	;	
N0250	G70P80Q170F100	;	
N0260	G00X100Z100	;	
N0270	M05	;	
N0280	M00	;	外螺纹加工
N0290	M04S300	;	
N0300	T0505	;	外螺纹刀
N0310	G00X20Z2	;	
N0320	G92X17.2Z−20F1.5	;	
N0330	X16.6	;	
N0340	X16.2	;	
N0350	X16.04	;	
N0360	G00X100Z100	;	
N0370	M05	;	
N0380	M30	;	

任务四 汽车转向节零件加工部分工序程序优化分析(见附录5)

O0001；T0202外圆精车刀、T0505外螺纹刀。

程序段号	程序段	程序段结束	说明
N0010	G40G21G98	;	外圆粗加工
N0020	M04S600	;	
N0030	T0101	;	外圆粗车刀
N0040	G00X150	;	
N0050	Z2	;	
N0060	G71U1R1	;	
N0070	G71P80Q260U0.5W0F200	;	
N0080	N80G00X32	;	
N0090	G01Z0F100	;	

续上表

程序段号	程序段	程序段结束	说明
N0100	X34Z-1	;	
N0110	G01Z-4.5	;	
N0120	X36Z-6.23	;	
N0130	Z-40.5	;	
N0140	X40Z-41.65	;	
N0150	Z-70.5	;	
N0160	X55W-73.5	;	
N0170	W-30.4	;	
N0180	G02X56W-2.6R7	;	
N0190	G01W-3	;	
N0200	G02X70W-7R7	;	
N0210	G01X89.96	;	
N0220	X91W-0.3	;	
N0230	X110.11	;	
N0240	X116W-1.7	;	
N0250	W-6.2	;	
N0260	X150	;	
N0270	G00X100Z100	;	
N0280	M05	;	
N0290	M00	;	外圆精加工
N0300	M04S1000	;	
N0310	T0202	;	外圆精车刀
N0320	G00X150	;	
N0330	Z2	;	
N0340	G70P80Q260F100	;	
N0350	G00X100Z100	;	
N0360	M05	;	
N0370	M00	;	外圆螺纹
N0380	M04S300	;	
N0390	T0505	;	外螺纹刀
N0400	G00X38Z2	;	
N0410	G92X25.2Z-40.5F1.5	;	
N0420	X24.6	;	
N0430	X24.2	;	
N0440	X24.04	;	
N0450	G00X100Z100	;	
N0460	M05	;	
N0470	M30	;	

模块练习题

一、选择题

1. FANUC 系统中,(　　)为子程序结束并返回到主菜单。
   A. M99　　　　B. M06　　　　C. M98　　　　D. M30

2. 固定循环编程时,如指定循环次数 L,L 命令需要用(　　)方式。
   A. G90　　　　B. G91　　　　C. 两种都可以　　　　D. 无正确答案

3. FANUC 系统 G71 指令是以切削深度 Δd 在和(　　)平行的部分进行直线加工。
   A. X 轴　　　　B. Z 轴　　　　C. Y 轴　　　　D. C 轴

4. (　　)是 G71、G74、G73 粗加工后精加工指令。
   A. G75　　　　B. G76　　　　C. G70　　　　D. G90

5. 在我国,加工中心采用公制单位,而用英制单位编程时的指令是(　　)。
   A. G70　　　　B. G71　　　　C. G94　　　　D. G95

6. 棒料毛坯粗加工时,使用(　　)指令可简化编程。
   A. G70　　　　B. G71　　　　C. G72　　　　D. G73

7. 在 G71P(ns)Q(nf)U(Δu)W(Δw)S500 程序格式中,(　　)表示精加工路径的第一个程序段顺序号。
   A. Δw　　　　B. ns　　　　C. Δu　　　　D. nf

8. 在 G72P(ns)Q(nf)U(Δu)W(Δw)S500 程序格式中,(　　)表示 X 轴方向上的精加工余量。
   A. Δw　　　　B. Δu　　　　C. ns　　　　D. nf

9. 在 FANUC 系统中,(　　)指令是固定形状粗加工循环指令。
   A. G70　　　　B. G71　　　　C. G72　　　　D. G73

10. 钻孔加工时,使用(　　)指令可简化编程,利于排屑。
    A. G71　　　　B. G72　　　　C. G73　　　　D. G74

11. 在 FANUC 数控系统中,G90 是(　　)切削循环指令。
    A. 钻孔　　　　B. 端面　　　　C. 外圆　　　　D. 复合

12. 在 FANUC 系统中,(　　)指令在编程中用于车削余量大的内孔。
    A. G70　　　　B. G94　　　　C. G90　　　　D. G92

13. 在 FANUC 系统中,G92 是(　　)指令。
    A. 端面循环　　　B. 外圆循环　　　C. 螺纹循环　　　D. 相对坐标

14. 程序段 G92X52Z−100I3.5F3 的含义是车削(　　)。
    A. 外螺纹　　　B. 锥螺纹　　　C. 内螺纹　　　D. 三角螺纹

15. 程序段 G70P10Q20 中,G70 的含义是(　　)加工循环指令。
    A. 螺纹　　　　B. 外圆　　　　C. 端面　　　　D. 精

16. 程序段 G72P0035Q0060U4.0W2.0S500 中,W2.0 的含义是(　　)。
    A. Z 轴方向的精加工余量　　　B. X 轴方向的精加工余量
    C. X 轴方向的背吃刀量　　　　D. Z 轴方向的退刀量

17. FANUC0 系统 M98 表示调用( )。
    A. 主程序　　　B. 子程序　　　C. 宏程序　　　D. 加工程序
18. FANUC0－T 系统 M98P21010 表示调用( )次子程序。
    A. 1　　　　　B. 2　　　　　C. 3　　　　　D. 21
19. 在 FANUC 数控系统中,程序段 M98P1000 表示( )。
    A. 退出程序号为 O1000 的子程序　　B. 调用程序号为 P1000 的子程序
    C. 调用程序号为 O1000 的子程序　　D. 退出程序号为 P1000 的子程序
20. FANUC 系统调用子程序指令为( )。
    A. M99　　　　B. M06　　　　C. M98P××××　　　D. M03

二、判断题

1. 在数控系统中,实现直线插补运动的 G 功能是 G01。　　　　　　　　( )
2. 程序 M98P51002 是将子程序号为 5100 的子程序连续调用 2 次。　　　( )
3. 宏程序无法对测量数据进行处理。　　　　　　　　　　　　　　　　( )

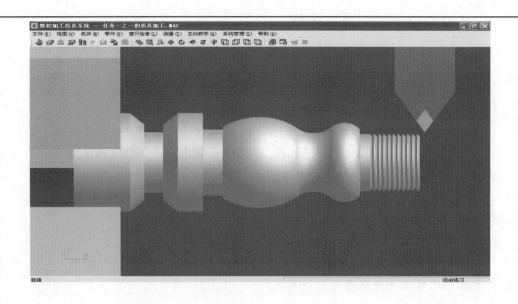

模块八

数控车床仿真加工

知识目标

1. 了解使用手动连续方式和手动脉冲方式的方法。
2. 了解使用自动连续方式和自动单段方式的方法。
3. 熟悉车床对刀的方法及刀具补偿参数的输入方法。
4. 熟悉导入数控程序、数控程序管理、编辑程序、保存程序的方法。
4. 掌握 AUTO 模式功能、EDIT 模式功能、MDI 模式功能的使用方法。
5. 掌握 JOG 模式功能、HANDLE 模式功能、DNC 模式功能的使用方法。

技能目标

1. 会使用模拟软件进行典型轴类零件的仿真加工。
2. 会使用模拟软件进行典型套类零件的仿真加工。
3. 会使用模拟软件进行汽车前减振器下销零件的仿真加工。
4. 会使用模拟软件进行汽车转向节零件的仿真加工。

模块八　数控车床仿真加工

8.1　刀具形状参数补偿

数控程序一般按工件坐标系编程,对刀的过程就是建立工件坐标系与机床坐标系之间关系的过程,即在机床中设置当前刀具的工件坐标系原点。

下面分别具体说明铣床及卧式加工中心,车床,立式加工中心对刀的方法。其中将工件上表面中心点(铣床及加工中心)、工件右端面中心点(车床)设为工件坐标系原点。将工件上其他点设为工件坐标系原点的对刀方法与上述方法类似。

8.1.1　车床手动试切对刀

(1)切削外径　点击操作面板上的手动按钮,手动状态指示灯变亮 ,机床进入手动操作模式,点击控制面板上的 按钮,使 X 轴方向移动指示灯变亮 。点击 + 或 - 按钮,使机床在 X 轴方向移动;同样使机床在 Z 轴方向移动。通过手动方式将机床移到如图 8-1 所示的大致位置。

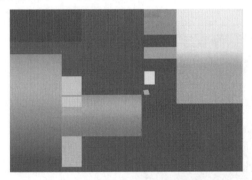
图 8-1　机床 X 轴移动的位置

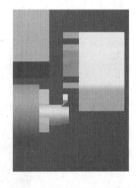
图 8-2　试切工件外圆

点击操作面板上的 或 按钮,使其指示灯变亮,主轴转动。再点击 Z 轴方向移动按钮 ,使 Z 轴方向指示灯变亮 ,点击 - 按钮,用所选刀具试切工件外圆,如图 8-2 所示。然后按 + 按钮,X 方向保持不动,刀具退出。

(2)测量切削位置的直径　点击操作面板上的 按钮,使主轴停止转动,点击菜单"测量/坐标测量",如图 8-3 所示。点击试切外圆时所切线段,选中的线段由红色变为黄色。记下下面对话框中对应的 X 的值 α。

(3)按下控制箱键盘上的 键。
(4)把光标定位在需要设定的坐标系上。
(5)光标移到 X。

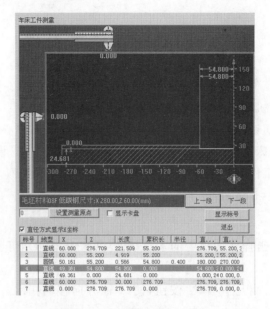

图 8-3　坐标测量已加工部位

(6)输入直径值 $X\alpha$。

(7)按软键"测量"输入数值,如图 8-4 所示。

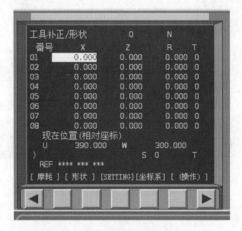

图 8-4　X 轴对刀参数输入

(8)切削端面　点击操作面板上的 ▢ 或 ▢ 按钮,使其指示灯变亮,主轴转动。将刀具移至如图 8-5 所示的位置;点击控制面板上的 X 按钮,使 X 轴方向移动指示灯变亮 X ;点击 − 按钮,切削工件端面,如图 8-6 所示;然后按 + 按钮,Z 方向保持不动,刀具退出。

(9)点击操作面板上的 ▢ 按钮,使主轴停止转动。

(10)把光标定位在需要设定的坐标系上。

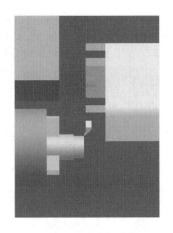
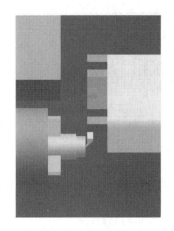

图 8-5　机床 Z 轴移动的位置　　　　　图 8-6　试切端面

(11) 按下需要设定的轴"Z"键。

(12) 输入工件坐标系原点的距离(注意距离有正负号)。

(13) 按软键"测量",自动计算出坐标值输入,如图 8-7 所示。

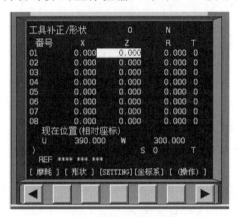

图 8-7　Z 轴对刀参数输入

8.1.2　设置偏置值完成多把刀具对刀

选择一把刀为标准刀具,采用试切法或自动设置坐标系法完成对刀。把工件坐标系原点放入 G54~G59,然后通过设置偏置值完成其他刀具的对刀。下面介绍刀具偏置值的获取办法。

(1) 点击 MDI 键盘上 POS 键和"相对"软键,进入相对坐标显示界面,如图 8-8 所示。

(2) 选定标刀试切工件端面,将刀具当前的 Z 轴位置设为相对零点(设置零点前不得有 Z 轴位移)。

(3) 依次点击 MDI 键盘上的 SHIFT、Z_W、0_* 三个键,输入"w0",按软键"预定",将 Z 轴当前坐标值设为相对坐标原点。

(4) 标刀试切零件外圆,将刀具当前 X 轴的位置设为相对零点(设置零点前不得有 X 轴的位移)。依次点击 MDI 键盘上的 SHIFT、X_U、0_* 三个键,输入"u0",按软键"预定",

图 8-8 相对坐标显示界面

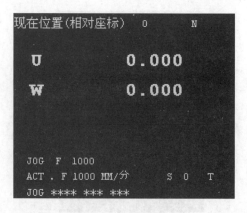

图 8-9 X、Z 轴设零

则将 X 轴当前坐标值设为相对坐标原点。此时 CRT 界面如图 8-9 所示。

(5)换刀后,移动刀具使刀尖分别与标刀切削过的表面接触。接触时显示的相对值即为该刀相对于标刀的偏置值 ΔX、ΔZ(为保证刀准确移到工件的基准点上,可采用手动脉冲进给方式)。此时 CRT 界面如图 8-10 所示,所显示的值即为偏置值。

图 8-10 偏置值 ΔX,ΔZ

(6)将偏置值输入到磨耗参数补偿表或形状参数补偿表内。

注:MDI 键盘上的 **SHIFT** 键用来切换字母键,如 **X/U** 键,直接按下输入的为"X";按 **SHIFT** 键,再按 **X/U** 键,输入的为"U"。

8.2 刀具磨耗参数补偿

车床的刀具补偿参数包括刀具的磨损量补偿参数和形状补偿参数,两者之和构成车刀偏置量补偿参数。

刀具在使用一段时间后会磨损,使产品尺寸产生误差,因此需要对刀具设定磨损量补偿。步骤如下:

(1)在 MDI 键盘上点击 **OFFSET SETTING** 键,进入磨耗补偿参数设定界面。如图 8-11 所示。

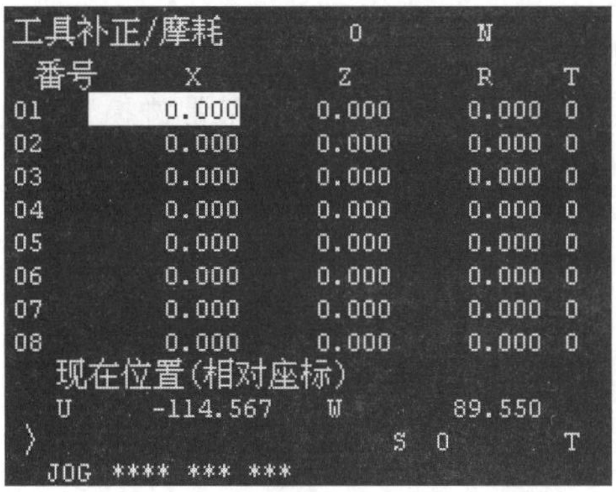

图 8-11　刀具磨耗补偿参数设定界面 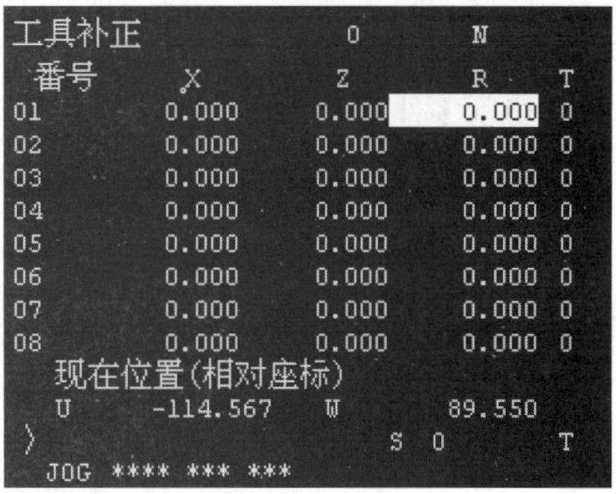　　　　图 8-12　R 和 T 参数值的设定界面

(2)用方位键 ↑ ↓ 选择所需的番号,并用方位键 ← → 确定所需补偿的值。点击数字键,输入补偿值到输入域。

(3)按软键"输入"或按 INPUT 键,参数输入到指定区域,按 CAN 键逐字删除输入域中的字符,输入形状补偿参数。

(4)在 MDI 键盘上点击 OFFSET/SETTING 键,进入形状补偿参数设定界面。如图 8-12 所示。方位键 ↑ ↓ 选择所需的番号,并用方位键 ← → 确定所需补偿的值。点击数字键,输入补偿值到输入域。

(5)按软键"输入"或按 INPUT 键,参数输入到指定区域,按 CAN 键逐字删除输入域中的字符。输入刀尖半径和方位号,分别把光标移到 R 和 T,按数字键输入半径或方位号,按软键"输入"。

(6)对刀注意事项:
①试切和测量参数时,应保证机床坐标、X(直径)或 Z 值进行测量时在同一状态;
②在"形状"下进行测量。
③在 FANUC 0I 系统中,数控车床坐标系原理总结如下:
X 方向:X 机床坐标＝φ＋形状参数＋磨耗参数＋坐标系偏置值;
Z 方向:Z 机床坐标＝Z 工件坐标＋形状参数＋磨耗参数＋坐标系偏置值。

8.3　手动操作

8.3.1　手动/连续方式

(1)点击操作面板上的"手动"按钮,使其指示灯变亮,机床进入手动模式。

(2)分别点击 X 、Y 、Z 键,选择移动的坐标轴分别点击 ＋ 、－ 键,控制机床的移动方向。点击 ▢、▢ 按钮控制主轴的转动和停止。

刀具切削零件时,主轴需转动。加工过程中刀具与零件发生非正常碰撞后(非正常碰撞包括车刀的刀柄与零件发生碰撞,铣刀与夹具发生碰撞等),系统会弹出警告对话框,同时主轴自动停止转动,调整到适当位置。继续加工时需再次点击 ▢、▢、▢ 按钮,使主轴重新转动。

8.3.2 手动脉冲方式

(1)点击操作面板上的"手动脉冲"按钮 ▢ 或 ▢,使指示灯 ▢ 变亮。

(2)点击按钮 ▢,显示手轮 ▢。

(3)鼠标对准"轴选择"旋钮 ▢,点击左键或右键,选择坐标轴。

(4)鼠标对准"手轮进给速度"旋钮 ▢,点击左键或右键,选择合适的脉冲当量。

(5)鼠标对准手轮 ▢,点击左键或右键,精确控制机床的移动。

(6)点击 ▢、▢、▢ 按钮控制主轴的转动和停止。

(7)点击 ▢ 按钮,可隐藏手轮。

8.4 数控程序处理

8.4.1 导入数控程序

数控程序可以通过记事本或写字板等编辑软件输入并保存为文本格式文件,也可直接用 FANUC 0I 系统的 MDI 键盘输入,如图 8-13 所示。

(1)点击操作面板上的编辑键 ▢,编辑状态指示灯变亮 ▢,此时已进入编辑状态。

(2)点击 MDI 键盘上的 ▢ 键,CRT 界面转入编辑页面。

(3)按软键"操作",在出现的下级子菜单中按软键 ▶,按软键"READ",转入如图 8-13所示界面,点击 MDI 键盘上的数字/字母键,输入"Ox"(x 为任意不超过四位的数字),按软键"EXEC"。

(4)点击菜单"机床/DNC 传送",在弹出的对话框中选择所需的 NC 程序,按"打开"并确认,则数控程序被导入并显示在 CRT 界面上。

图 8-13 导入数控程序

8.4.2 数控程序管理

1. 显示数控程序目录

经过导入数控程序操作后,点击操作面板上的编辑键 ,编辑状态指示灯变亮 ,此时已进入编辑状态。点击 MDI 键盘上的 键,CRT 界面转入编辑页面。按软键"LIB"经过 DNC 传送的数控程序名显示在 CRT 界面上。如图 8-14 所示。

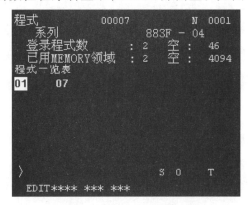

图 8-14 显示数控程序目录

2. 选择一个数控程序

经过导入数控程序操作后,点击 MDI 键盘上的 键,CRT 界面转入编辑页面。利用 MDI 键盘输入"Ox"(x 为数控程序目录中显示的程序号),按 键开始搜索,搜索到后,"OXXXX"显示在屏幕首行程序号位置,NC 程序显示在屏幕上。

3. 删除一个数控程序

点击操作面板上的编辑键 ,编辑状态指示灯变亮 ,则进入编辑状态。利用 MDI 键盘输入"Ox"(x 为要删除的数控程序在目录中显示的程序号),按 键,程序即被删除。

4. 新建一个 NC 程序

点击操作面板上的编辑键![],编辑状态指示灯变亮![],此时已进入编辑状态。点击 MDI 键盘上的![PROG]键,CRT 界面转入编辑页面。利用 MDI 键盘输入"Ox"(x 为程序号,但不可以与已有的程序号重复),按![INSERT]键,CRT 界面上显示一个空程序,可以通过 MDI 键盘开始程序输入。输入一段代码后,按![INSERT]键则输入域中的内容显示在 CRT 界面上,用回车换行键![EOB]结束一行的输入后换行。

5. 删除全部数控程序

点击操作面板上的编辑键![],编辑状态指示灯变亮![],则进入编辑状态。点击 MDI 键盘上的![PROG]键,CRT 界面转入编辑页面。利用 MDI 键盘输入"O-9999",按![DELETE]键,全部数控程序即被删除。

8.4.3 编辑程序

点击操作面板上的编辑键![],编辑状态指示灯变亮![],则进入编辑状态。点击 MDI 键盘上的![PROG]键,CRT 界面转入编辑页面。选定了一个数控程序后,此程序显示在 CRT 界面上,可对数控程序进行编辑操作。

1. 移动光标

按![PAGE↑]和![PAGE↓]用于翻页,按方位键 ↑、↓、← 和 → 移动光标。

2. 插入字符

(1)先将光标移到所需位置,点击 MDI 键盘上的数字/字母键,将代码输入到输入域中,按![INSERT]键,把输入域的内容插入到光标所在代码后面。

(2)删除输入域中的数据。按![CAN]键用于删除输入域中的数据。

(3)删除字符。先将光标移到所需删除字符的位置,按![DELETE]键,删除光标所在的代码。

3. 查找

输入需要搜索的字母或代码,按 ↓ 键开始从当前数控程序中光标所在位置后面进行搜索(代码可以是一个字母或一个完整的代码。例如:"N0010","M"等)。如果此数控程序中有所搜索的代码,则光标停留在找到的代码处;如果此数控程序中光标所在位置后没有所搜索的代码,则光标停留在原处。

4. 替换

先将光标移到所需替换字符的位置,将替换成的字符通过 MDI 键盘输入到输入域中,按 ALTER 键,把输入域的内容替代光标所在的代码。

8.4.4 保存程序

编辑好的程序需要进行保存操作。点击操作面板上的编辑键,编辑状态指示灯变亮,则进入编辑状态。按软键"操作",在下级子菜单中按软键"Punch",在弹出的对话框中输入文件名,选择文件类型和保存路径,按"保存"按钮。如图 8-15 所示。

图 8-15　保存程序

8.5　自动加工方式

8.5.1　自动/连续方式

1.自动加工流程

(1)检查机床是否回零,若未回零,先将机床回零。

(2)导入数控程序或自行编写一段程序。

(3)点击操作面板上的"自动运行"按钮,使其指示灯变亮。

(4)点击操作面板上的 ,程序开始执行。

2.中断运行

(1)数控程序在运行过程中可根据需要暂停、停止、急停和重新运行。

(2)数控程序在运行时,按暂停键 ,程序停止执行;再点击 键,程序从暂停位置开始执行。

(3)数控程序在运行时,按停止键 ,程序停止执行;再点击 键,程序从开头重新执行。

(4)数控程序在运行时,按下急停按钮 ,数控程序中断运行;继续运行时,先将急停按钮松开,再按 ▫ 按钮,余下的数控程序从中断行开始作为一个独立的程序执行。

8.5.2 自动/单段方式

(1)检查机床是否回零。若未回零,先将机床回零。

(2)再导入数控程序或自行编写一段程序。

(3)点击操作面板上的"自动运行"按钮,使其指示灯变亮 ▫ 。

(4)点击操作面板上的"单节"按钮 ▫ 。

(5)点击操作面板上的 ▫ 按钮,程序开始执行。

①自动/单段方式执行每一行程序均需点击一次 ▫ 按钮。

②点击"单节跳过"按钮 ▫ ,则程序运行时跳过符号"/"有效,该行成为注释行,不执行。

(6)点击"选择性停止"按钮 ▫ ,则程序中 M01 有效。可以通过主轴倍率旋钮 ▫ 和进给倍率旋钮 ▫ 来调节主轴旋转的速度和移动的速度。

(7)按 ▫ 键可将程序重置。

8.5.3 检查运行轨迹

NC 程序导入后,可检查运行轨迹。

(1)点击操作面板上的自动运行按钮,使其指示灯变亮,转入自动加工模式。

(2)点击 MDI 键盘上的 ▫ 按钮,点击数字/字母键,输入"Ox"(x 为所需要检查运行轨迹的数控程序号),按 ▫ 开始搜索,找到后,程序显示在 CRT 界面上。

(3)点击 ▫ 按钮,进入检查运行轨迹模式,点击操作面板上的循环启动按钮 ▫ ,即可观察数控程序的运行轨迹。此时也可通过"视图"菜单中的动态旋转、动态放缩、动态平移等方式对三维运行轨迹进行全方位的动态观察。

8.6 MDI 模式

(1)点击操作面板上的 ▫ 按钮,使其指示灯变亮,进入 MDI 模式。

(2)在 MDI 键盘上按 ▫ 键,进入编辑页面。

(3)输写数据指令:在输入键盘上点击数字/字母键,可以作取消、插入、删除等修改操作。

(4)按数字/字母键键入字母"O",再键入程序号,但不可以与已有的程序号重复。

(5)输入程序后,用回车换行键 ▫ 结束一行的输入后换行。

(6)移动光标:按 PAGE 和 PAGE 上下方向键翻页。按方位键 ↑、↓、← 和 → 移动光标。

(7)按 CAN 键,删除输入域中的数据;按 DELETE 键,删除光标所在的代码。

(8)按键盘上 INSERT 键,输入所编写的数据指令。

(9)输入完整数据指令后,按循环启动按钮 运行程序。

(10)用 RESET 键清除输入的数据。

例:在 MDI 模式下换刀。

(1)点击点击操作面板上的 按钮,使其指示灯变亮,进入 MDI 模式。

(2)在 MDI 键盘上按 PROG 键,进入编辑页面。

(3)输入 T×× 换刀命令,按键盘上 INSERT 键。

(4)按循环启动按钮 运行程序,换刀完毕。

注意:MDI 模式下仅支持单段程序,程序执行后自动删除。

实训任务　汽车典型零件仿真加工

任务一　典型轴类零件仿真加工(一)(见附录1)

1.对刀并输入对刀参数

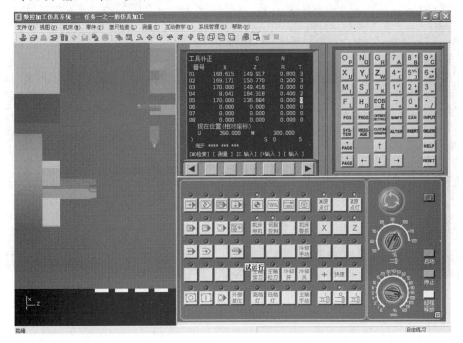

2. 零件左端加工程序输入

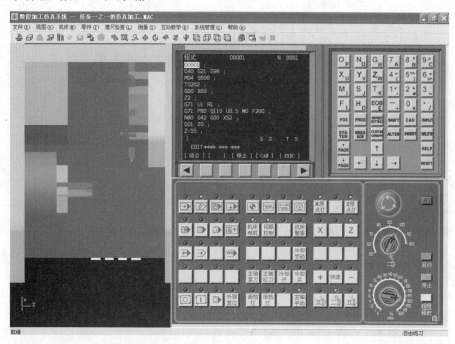

3. 零件左端加工程序运行轨迹检查

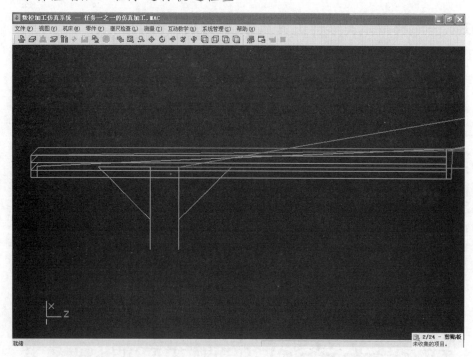

模块八 数控车床仿真加工

4. 零件左端仿真加工

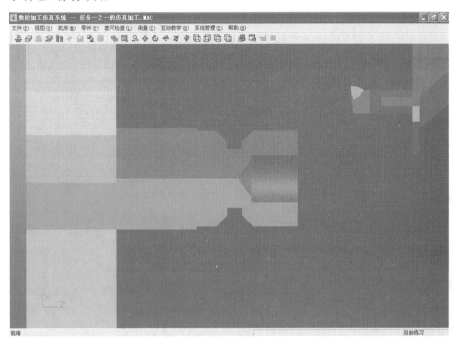

5. 零件尺寸检测

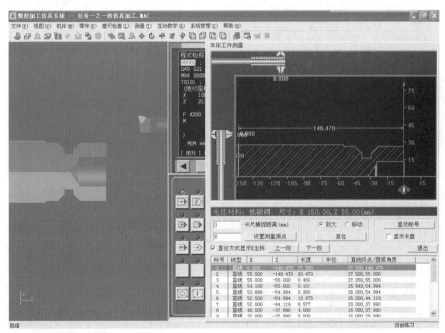

6. 零件掉头装夹并对刀

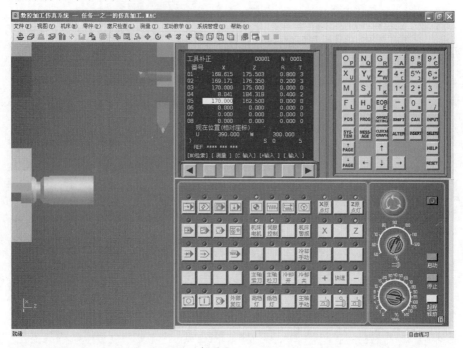

7. 零件右端加工程序输入

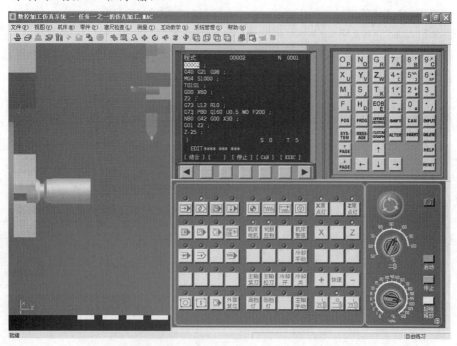

模块八 数控车床仿真加工

8. 零件右端加工程序运行轨迹检查

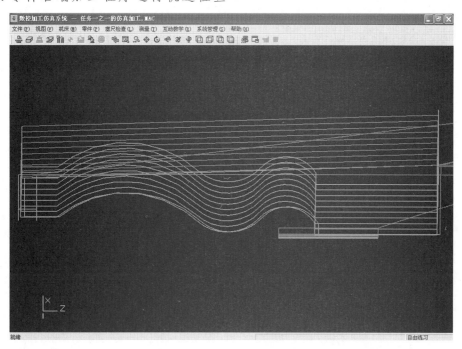

9. 零件右端仿真加工

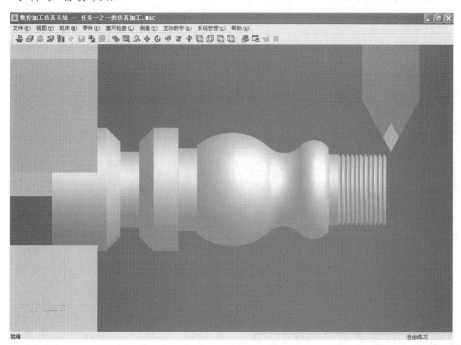

10. 零件尺寸检测

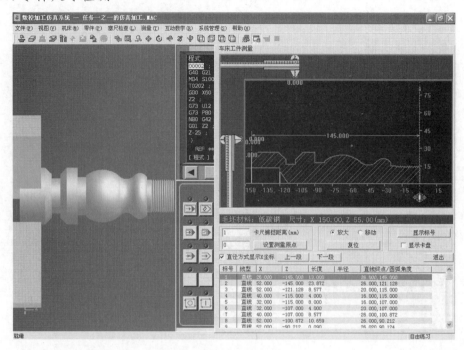

典型轴类零件仿真加工(二)(见附录2)

1. 对刀并输入对刀参数

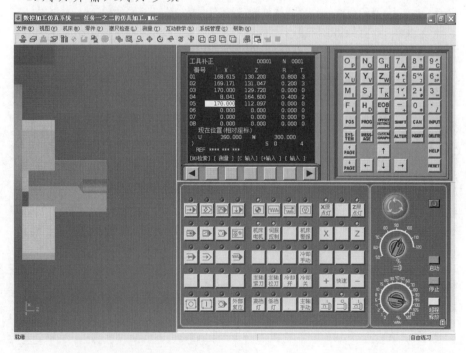

模块八 数控车床仿真加工

2. 零件左端加工程序输入

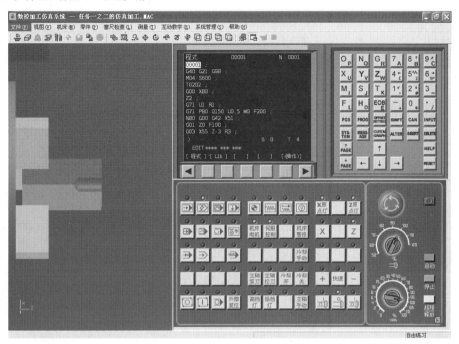

3. 零件左端加工程序运行轨迹检查

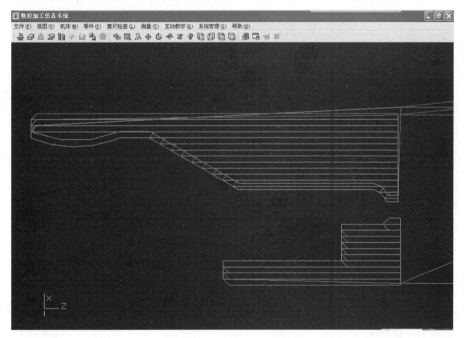

4. 零件左端仿真加工

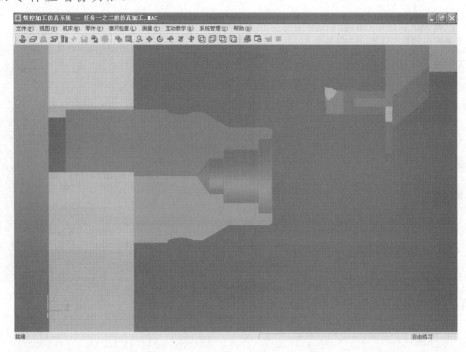

5. 零件尺寸检测

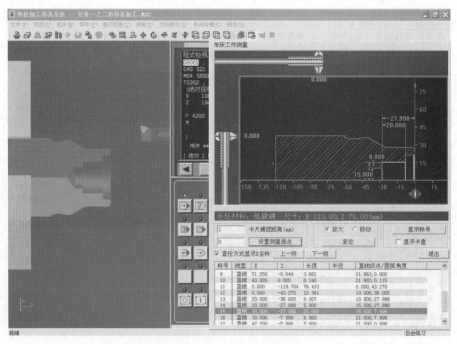

模块八 数控车床仿真加工

6. 零件掉头装夹并对刀

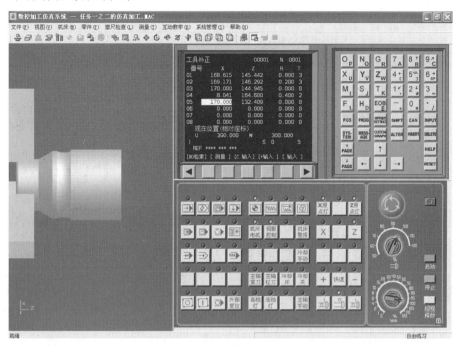

7. 零件右端加工程序输入

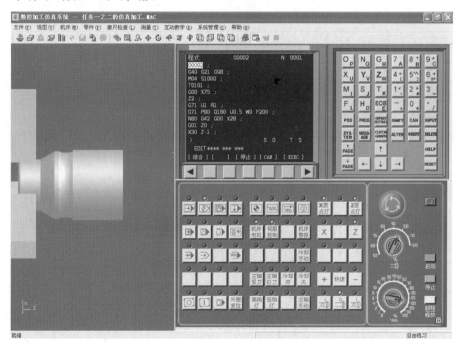

8. 零件右端加工程序运行轨迹检查

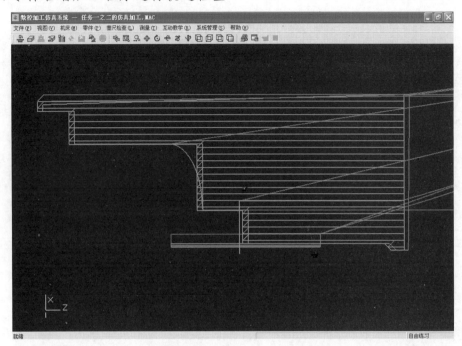

9. 零件右端仿真加工

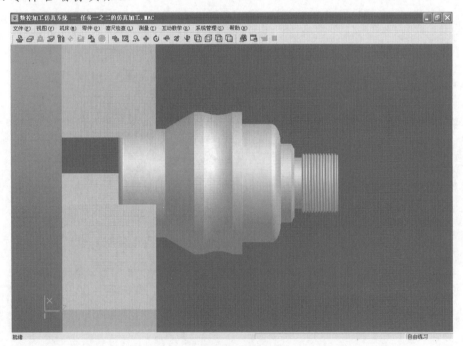

模块八 数控车床仿真加工

10. 零件尺寸检测

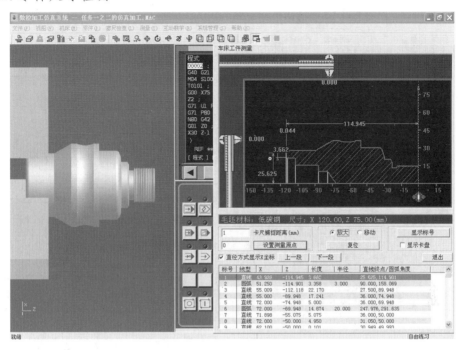

任务二 典型套类零件仿真加工(见附录3)

1. 对刀并输入对刀参数

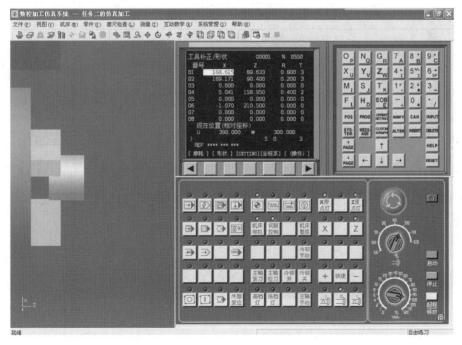

2. 零件左端加工程序输入

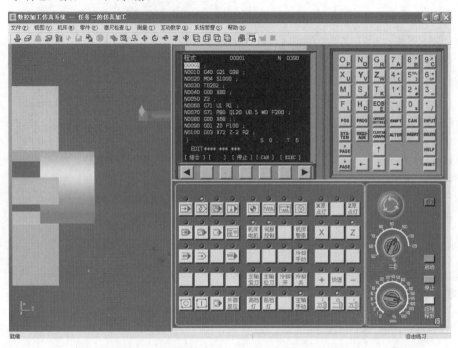

3. 零件左端加工程序运行轨迹检查

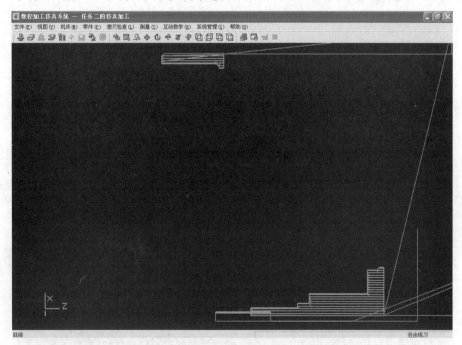

模块八 数控车床仿真加工

4. 零件左端仿真加工

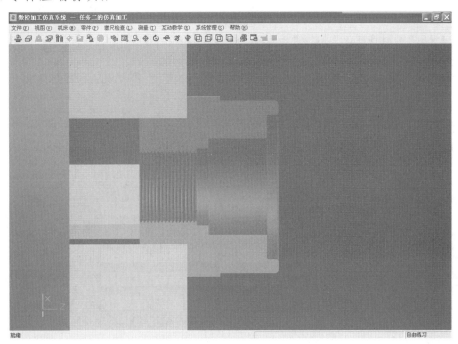

5. 零件尺寸检测

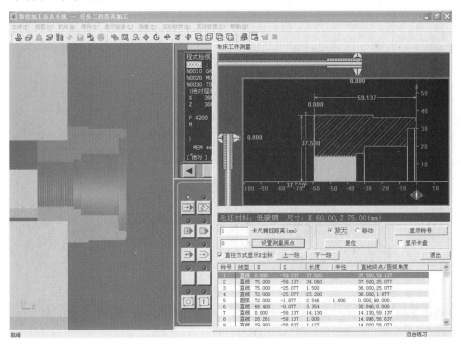

数控车床加工工艺及编程

6. 零件掉头装夹并对刀

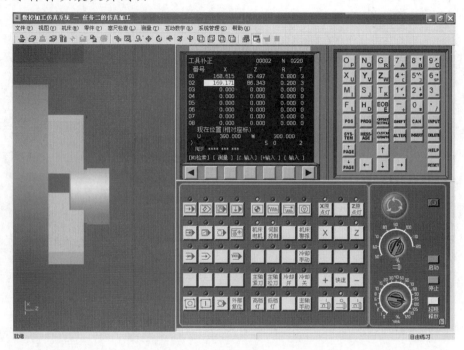

7. 零件右端加工程序输入

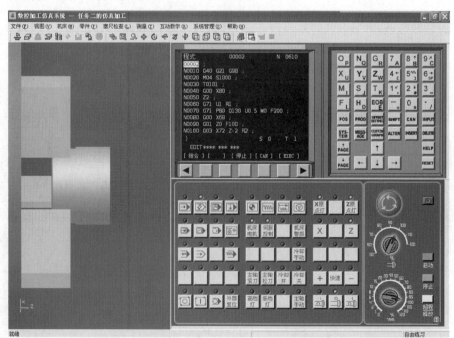

模块八 数控车床仿真加工

8. 零件右端加工程序运行轨迹检查

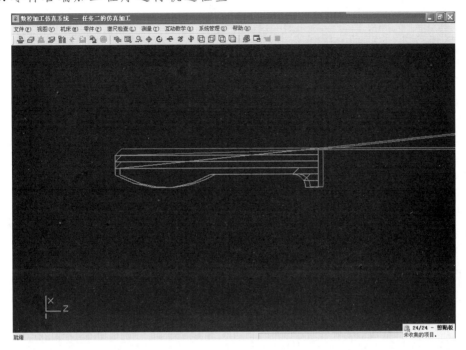

9. 零件右端仿真加工

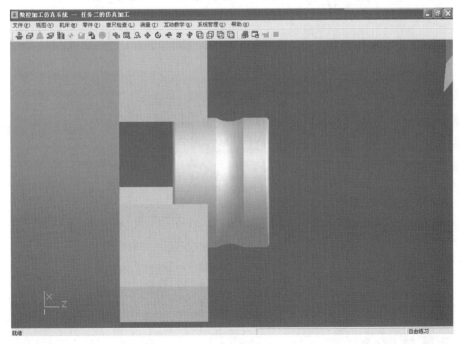

10. 零件尺寸检测

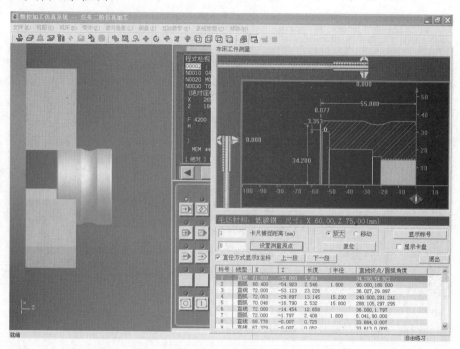

任务三 汽车前减振器下销零件仿真加工(见附录4)

1. 对刀并输入对刀参数

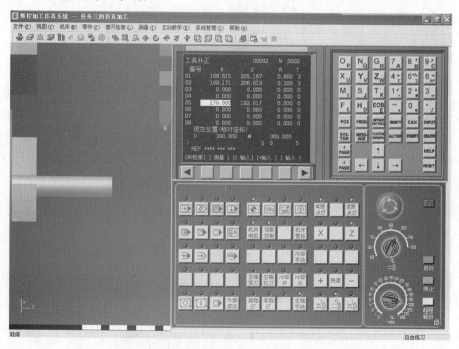

模块八　数控车床仿真加工

2. 零件左端加工程序输入

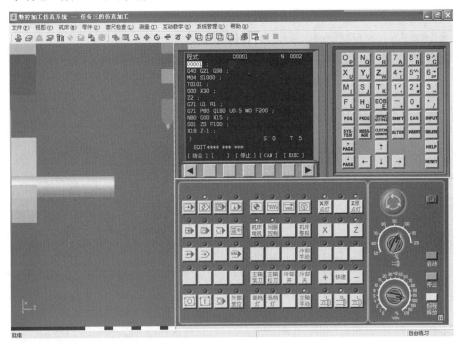

3. 零件左端加工程序运行轨迹检查

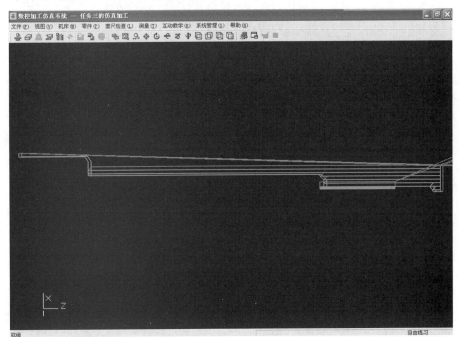

4. 零件左端仿真加工

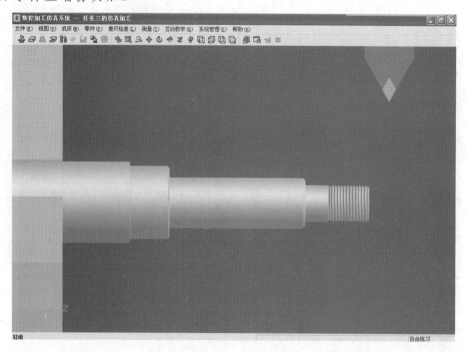

5. 零件尺寸检测

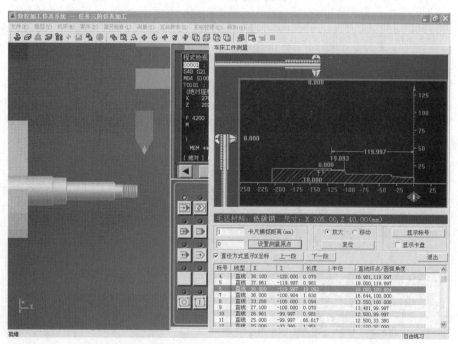

模块八 数控车床仿真加工

6. 零件掉头装夹并对刀

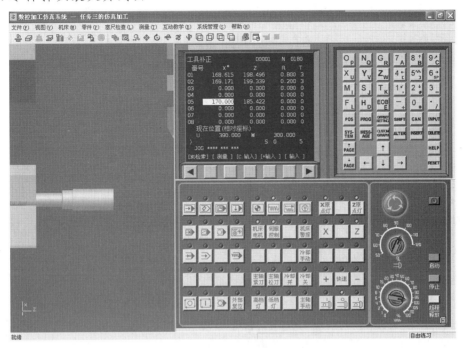

7. 零件右端加工程序输入

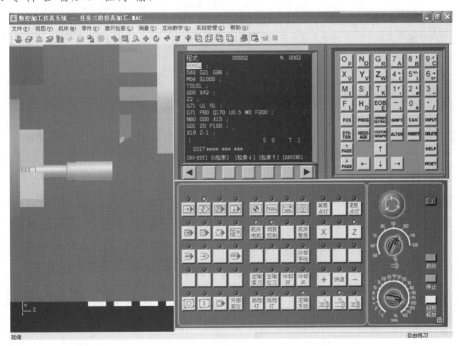

8. 零件右端加工程序运行轨迹检查

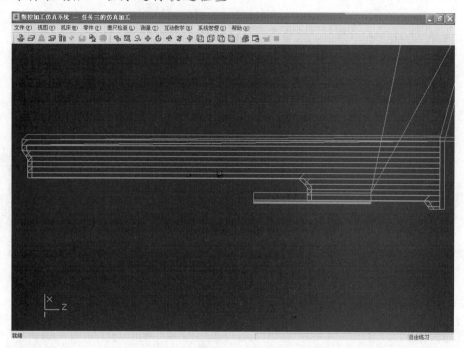

9. 零件右端仿真加工

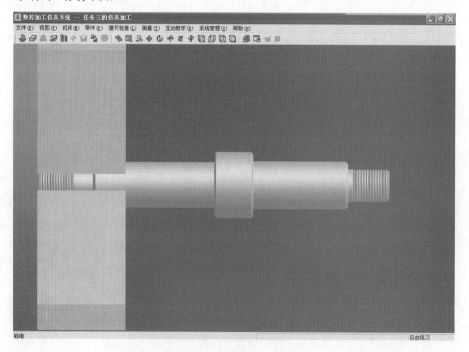

模块八 数控车床仿真加工

10. 零件尺寸检测

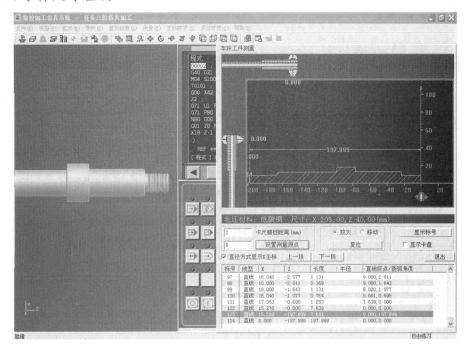

任务四 汽车转向节零件仿真加工(见附录5)

1. 对刀并输入对刀参数

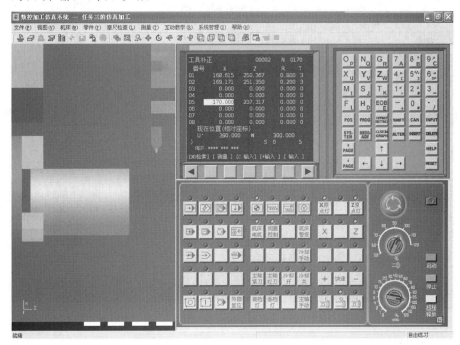

2. 零件左端加工程序输入

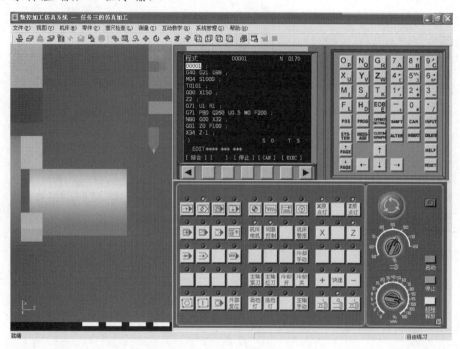

3. 零件左端加工程序运行轨迹检查

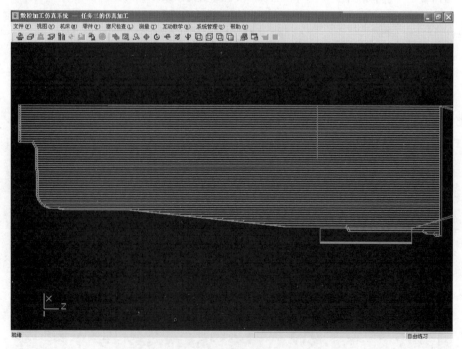

模块八 数控车床仿真加工

4. 零件左端仿真加工

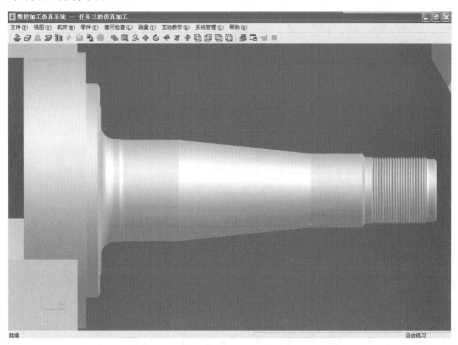

5. 零件尺寸检测

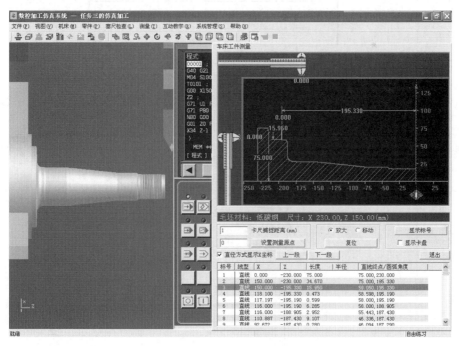

模块练习题

比较运用 G50 指令设定工件坐标系和采用试切法对刀的联系和区别。

附 录

附录1 任务一的典型轴类零件图(一)

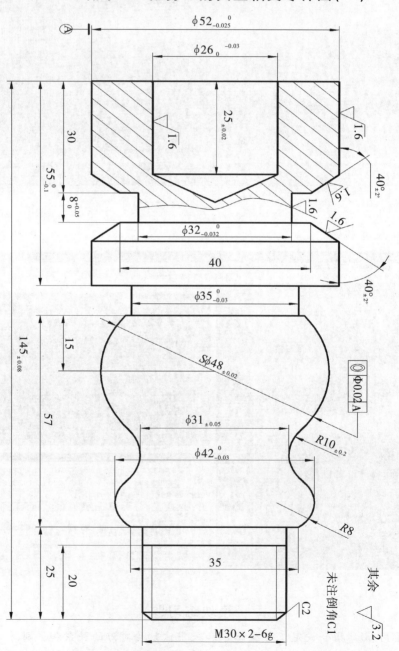

附录 2 任务一的典型轴类零件图(二)

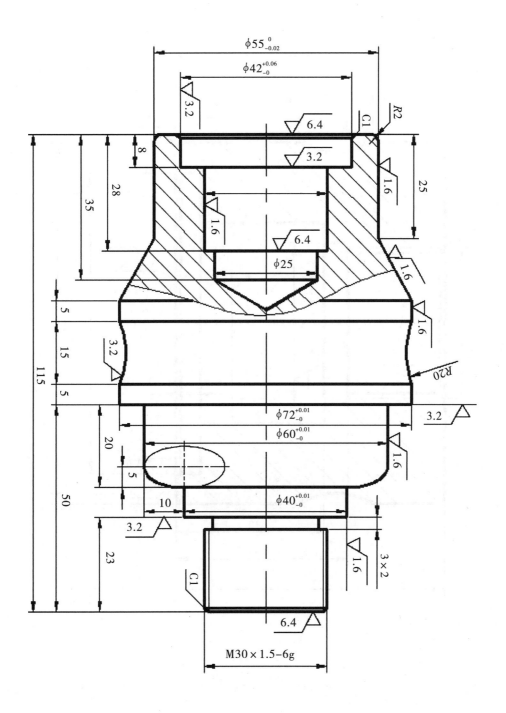

附录3 任务二的典型套类零件图

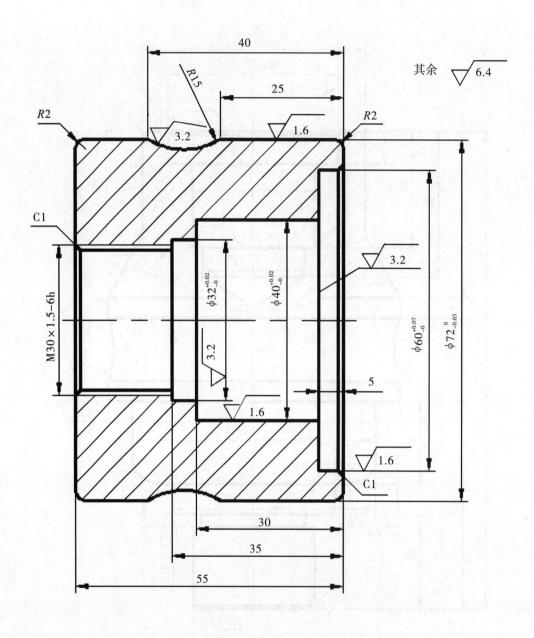

附录 4 任务三的汽车前减振器下销图

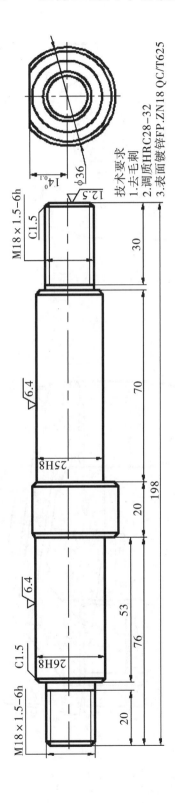

附录5 任务四的汽车转向节图

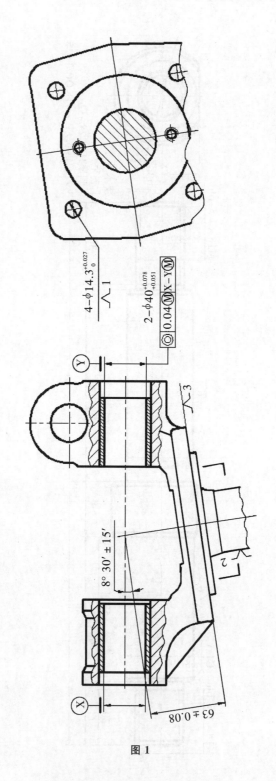

图1

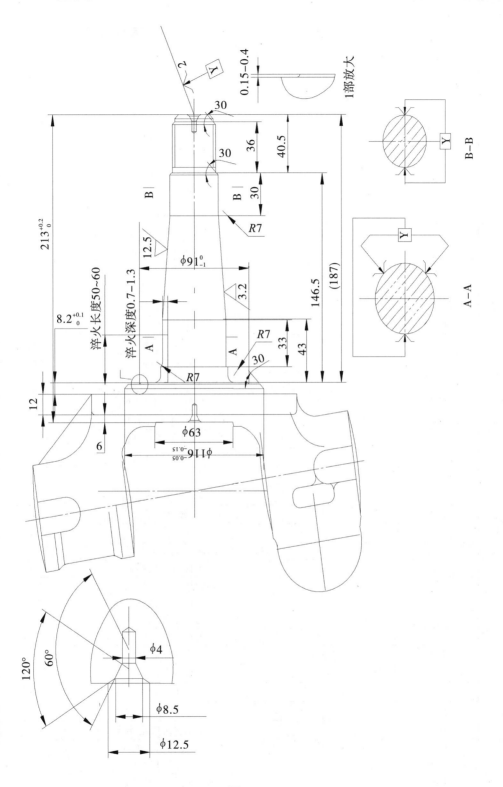

图 2

附录6　FANUC系统常用编程代码

表 6-1

G 代码		
代码	组号	意义
G00	01	快速点定位
G01		直线插补
G02		顺时针圆弧插补(CW)
G03		逆时针圆弧插补(CCW)
G04	00	暂停90(ms,s)
G09		准确停止
G17	02	G17选择XY平面
G18		选择XZ平面
G19		选择YZ平面
G20	06	英制输入
G21		米制输入
G27	00	返回参考点检测
G28		返回参考点
G29		由参考点返回
G30		返回第二参考点
G40	07	取消刀具半径补偿
G41		刀具半径左补偿
G42		刀具半径右补偿
G43	08	刀具半径补偿＋
G44		刀具半径补偿－
G49		取消刀具长度补偿
G52	00	局部坐标系设定
G53		机床坐标系选择
G54	12	选择工作坐标系1
G55		选择工作坐标系2
G56		选择工作坐标系3
G57		选择工作坐标系4
G58		选择工作坐标系5
G59		选择工作坐标系6
G60	00	单一方向定位
G61	13	准确定位方式
G64		切削方式
G73	09	深孔钻削固定循环
G74		攻左螺纹固定循环
G76		精镗孔固定循环
G80		固定循环取消
G81	09	中心孔钻削固定循环
G82		锪孔钻削固定循环
G83		深孔钻削固定循环

续上表

代码	组号	意义
G84	09	攻右螺纹固定循环
G85		镗削固定循环
G86		镗削固定循环
G87		反镗削固定循环
G88		镗削固定循环
G89		精镗阶梯孔固定循环
G90	03	绝对方式指定
G91		增量方式指定
G92	00	工件坐标系设定
G94	05	每分进给
G98	10	返回固定循环始点 G98
G99		返回固定循环 R 点

表录 6-2

M 代码	
代码	意义
M00	停止程序运行
M01	选择性停止
M02	结束程序运行
M03	主轴正向转动
M04	主轴反向转动
M05	主轴停止转动
M06	换刀指令
M08	冷却液开启
M09	冷却液关闭
M30	结束程序运行且返回程序开头
M98	子程序调用
M99	子程序结束

附录7 SINUMERIK 802S 系统常用编程代码

表 7-1

代码	意义	说明
G0	快速移动	
G1	直线插补	
G2	顺时针圆弧插补	
G3	逆时针圆弧插补	
G4	暂停时间	非模态
G5	中间点圆弧插补	模态
G9	准确定位	非模态准停段有效
G17	选择 X/Y 平面	模态所在平面的垂直轴为刀具长度补偿轴
G18	选择 X/Y 平面	
G19	选择 X/Y 平面	
G25	主轴转速上限	非模态
G26	主轴转速下限	
G33	恒螺距螺纹切削	模态
G40	取消刀具半径补偿	
G41	刀具半径左补偿	
G42	刀具半径右补偿	
G53	按程序段方式取消可设定零点偏置	非模态
G54	第一可设零点偏置	模态
G55	第二可设零点偏置	
G56	第三可设零点偏置	
G57	第四可设零点偏置	
G60	准确定位	
G63	带补偿夹具切削内螺纹	非模态
G64	连续路径方式	模态
G70	英制尺寸	
G71	公制尺寸	
G74	回参考点	非模态
G75	回固定点	
G90	绝对尺寸	模态
G91	增量尺寸	模态
G94	进给率	毫米/分钟,模态
G95	主轴进给率	毫米/转,模态
G158	可编程的偏置	非模态
G258	可编程的旋转	
G259	附加可编程的旋转	
G331	不带补偿夹具切削内螺纹	主轴位置调节,左、右旋螺纹由螺距符号确定,+同 M3,-同 M4
G332	不带补偿夹具切削内螺纹——退刀	Z 退刀,螺距符号同 G331

续上表

代码	意义	说明
G450	圆弧过渡	模态
G451	等距线的交点	
G500	取消可设定零点偏置	
G601	在 G60、G9 方式下准确定位（精）	
G602	在 G60、G10 方式下准确定位（粗）	
G900	进给补偿"关"	
G901	在圆弧段进给补偿"开"	

表 7-2

M 代码		
代码	意义	说明
M0	程序停止	按"启动"键程序继续执行
M1	程序有条件停止	
M2	程序结束	写入程序最后一段
M3	主轴顺时针旋转	
M4	主轴逆时针旋转	
M5	主轴停	
M6	更换刀具	

附录8 SINUMERIK 840D/FM－NC系统常用编程代码

表8-1

G代码			
代码	组号	意义	说明
G0	1	快速点定位	可作机床状态设定
G1	1	直线插补	
G2	1	顺时针圆弧插补	
G3	1	逆时针圆弧插补	
G4	2	暂停	☆
G9	11	准停—减送	☆
G17	6	XY平面	
G18	6	ZX平面	
G19	6	YZ平面	
G25	3	工作区域的低级限	
G26	3	工作区域的高级限	
G33	1	螺距恒定的螺旋线插补	
G40	7	取消刀具半径补偿	通电默认
G41	7	刀具半径左补偿	
G42	7	刀具半径右补偿	
G53	9	清除当前刀具偏置	所有偏置清除
G54	8	第一可设置的刀具偏置	
G55	8	第二可设置的刀具偏置	
G56	8	第三可设置的刀具偏置	
G57	8	第四可设置的刀具偏置	
G60	10	准停—减速	
G63	2	带辅助夹具的攻丝	☆
G64	10	准停—连续路径方式	
G70	13	英制尺寸	通电默认
G71	13	公制尺寸	可作机床状态设定
G74	2	返回参考点	☆
G75	2	返回固定点	☆
G90	14	绝对尺寸	通电默认
G91	14	增量尺寸	
G94	15	直线进给量	
G95	14	圆周进给量	
G96	15	打开恒线速切削	
G97	15	关闭恒线速切削	通电默认
G110	3	根据编程设置位置进行极编程	☆
G111	3	根据工件坐标系原点进行极编程	☆
G112	3	根据最后达到位置进行极编程	☆
G331	1	攻丝循环	
G332	1	攻丝循环	

注：带☆号的为非模态代码。

表 8-2

M 代码		
代码	意义	说明
M0	程序停止	暂停
M1	选择停止	任选停止激活有效
M2	主程序结束	返回程序头
M3	主轴正转（顺时针）	
M4	主轴反转（逆时针）	
M5	主轴停	
M6	换刀循环	
M8	切削液开	可作机床状态设定
M9	切削液关	可作机床状态设定
M17	子程序结束	
M30	主程序结束	
M40	齿轮变速	
M41	齿轮变速 1 级	
M42	齿轮变速 2 级	
M43	齿轮变速 3 级	
M44	齿轮变速 4 级	
M45	齿轮变速 5 级	

附录9 PA系统常用编程代码

表9-1

G代码	
代码	意义
G00	快速定位
G01	直线运动
G02	顺时针圆弧插补(圆心+终点)
G03	逆时针圆弧插补(圆心+终点)
G04	暂停(整数以毫秒为单位)
G12	顺时针圆弧插补(半径+终点)
G13	逆时针圆弧插补(半径+终点)
G17	选择XY平面
G18	选择XZ平面
G19	选择YZ平面
G40	刀具半径补偿取消
G41	左侧刀具半径补偿
G42	右侧刀具半径补偿
G43	左侧刀具半径补偿
G44	右侧刀具半径补偿
G53	选择机械坐标系(模态)
G54	工作坐标系1选择
G55	工作坐标系2选择
G56	工作坐标系3选择
G57	工作坐标系4选择
G58	工作坐标系5选择
G59	工作坐标系6选择
G70	采用英制单位
G71	采用公制单位
G74	一轴或多轴直接复位到原点
G90	绝对量编程
G91	增量编程
G92	设置工作坐标系

表9-2

M代码	
代码	意义
M00	停止程序运行
M01	停止程序运行
M02	结束程序运行
M30	结束程序运行且返回程序开头
M03	主轴正向转动开始
M04	主轴反向转动开始
M05	主轴停止转动

附录 10 OSP700M/7000M（大隈 OKUMA）系统常用编程代码

表 10-1

G 代码			
代码	组号	意义	备注
G00	1	快速点定位	可作机床状态设定
G01		直线插补	可作机床状态设定
G02		顺时针圆弧插补	
G03		逆时针圆弧插补	
G04	2	暂停	△
G09	18	准停检验	△
G10	3	取消 G11	通电默认
G11		坐标系平移或旋转	
G15	4	选择工件坐标系	
G16		选择工件坐标系	
G17	5	XY 平面指定	
G18		ZX 平面指定	
G19		YZ 平面指定	
G20	15	英制输入	△
G21		公制输入	△
G40	17	取消刀具半径补偿	通电默认
G41		刀具半径左补偿	
G42		刀具半径右补偿	
G50	9	取消 G51	通电默认
G51		图形放大和缩小	
G53	10	取消刀具长度补偿	可作机床状态设定
G54		X 刀具长度补偿	
G55		Y 刀具长度补偿	
G56		Z 刀具长度补偿	可作机床状态设定
G60	1	单方向定位	
G61	14	准停模式	
G62	19	可编程镜像加工	
G64	14	切削模式	通电默认
G71	21	固定循环返回位置设定	
G73	11	高速深孔钻削循环	
G74		反向攻丝循环	
G76		精镗循环	

续上表

G 代码				
代码	组号	意义		备注
G80	11	取消固定循环		通电默认
G81		钻削循环		
G82		钻削循环		
G83		深孔钻削循环		
G84		攻丝循环		
G85		镗孔循环		
G86		镗孔循环		
G87		反镗孔循环		
G89		镗孔循环		
G90	12	绝对方式		可作机床状态设定
G91		增量方式		可作机床状态设定
G92	20	工件坐标系变更		
G94	13	每分进给		可作机床状态设定
G95		每转进给		可作机床状态设定

表 10-2

M 代码		
代码	意义	说明
M00	程序停止	暂停
M01	选择停止	任选停止激活有效
M02	主程序结束	
M03	主轴正转（顺时针）	
M04	主轴反转（逆时针）	
M05	主轴停	
M06	换刀循环	
M08	切削液开	可作机床状态设定
M09	切削液关	可作机床状态设定
M13	主轴正转（顺时针），切削液开	
M14	主轴反转（逆时针），切削液开	
M19	主轴定向停	
M30	主程序结束	
M52	固定循环返回位置指定	返回循环轴极限点
M53	固定循环返回位置指定	返回 G71 指定位置
M54	固定循环返回位置指定	返回参数指定位置
M61	主轴刀具操作完毕	
M62	主轴刀具操作准备	
M68	主轴刀具夹紧操作	
M69	主轴刀具松开操作	
M130	主轴屏蔽关闭	
M131	主轴屏蔽打开	通电默认

附录 11　KND 车床数控系统常用编程代码

表 11-1

代码	组号	意义	备注
G00	1	快速点定位	可作机床状态设定
G01		直线插补	可作机床状态设定
G02		顺时针圆弧插补	
G03		逆时针圆弧插补	
G04	2	暂停	△
G10	11	坐标系偏移	通电默认
G20	6	英制输入	
G21		公制输入	通电默认
G28	2	返回参考点	
G32	1	螺距恒定的螺纹切削	
G40	7	取消刀具半径补偿	通电默认
G41		刀具半径左补偿	
G42		刀具半径右补偿	
G50		坐标系设定	
G65		宏程序命令	
G68		X 镜像打开	
G69		X 镜像关闭	
G70		精车循环	
G71		固定循环返回位置设定	
G72		端面粗车循环	
G73		高速深孔钻削循环	
G74		反向攻丝循环	
G75		切槽循环	
G76		复合螺纹加工循环	通电默认
G90		内外圆车削循环	可作机床状态设定
G92		车螺纹循环	
G94		车端面循环	
G98		每分进给量	通电默认
G99		每转进给量	

注带 △ 号的为非模态代码

表 11-2

代码	意义	说明
M 代码		
M00	程序停止	暂停
M01	选择停止	任选停止激活有效
M03	主轴正转(顺时针)	
M04	主轴反转(逆时针)	
M05	主轴停	
M08	切削液开	可作机床状态设定
M09	切削液关	可作机床状态设定
M30	主程序结束	返回参数头
M32	润滑打开	
M33	润滑关闭	
M98	调用子程序	
M99	关闭子程序	通电默认

附录 12　南京新方达 CNC-39T 车床数控系统常用编程代码

表 12-1

G 代码		
代码	意义	备注
G00	快速点定位	F 范围：1000~8000mm/min
G01	直线插补	F 范围：6~1000mm/min
G02	顺时针圆弧插补	自动过象限
G03	逆时针圆弧插补	F 范围：6~60mm/min
G04	程序延时	延时范围：0.01~99.99 秒
G22	程序循环	
G23	矩形循环	
G26	X、Z 轴回到起始点	
G27	X 轴返回起始点	
G29	Z 轴返回起始点	
G30	设定退尾方式	
G32	英制螺纹切削	导程范围：F33.5~3 牙/英寸
G33	公制螺纹切削	导程范围：F0.25~12mm
G36	X、Z 向回硬参考点	
G37	X 向回硬参考点	
G39	Z 向回硬参考点	
G46	X、Z 向回软参考点	
G80	循环注销	
G82	英制螺纹切削	
G83	公制螺纹切削	

表 12-2

M 代码		
代码	意义	说明
M00	程序停止	暂停
M03	主轴正转（顺时针）	
M04	主轴反转（逆时针）	
M05	主轴停	
M30	主程序结束	返回参数头
M97	程序跳转	
M98	调用子程序	
M99	关闭子程序	通电默认

参考文献

[1]侯勇强.数控编程与加工技术[M].大连:大连理工大学出版社,2009.
[2]娄锐.数控机床[M].大连:大连理工大学出版社,2010.
[3]吴林禅.金属切削原理与刀具[M].北京:机械工业出版社,2006.
[4]刘海星.数控加工工艺[M].南昌:江西高校出版社,2008.
[5]顾京.数控加工编程及操作[M].北京:高等教育出版社,2010.
[6]马雪峰.数控编程与加工技术[M].北京:高等教育出版社,2009.
[7]李业农.数控机床及编程加工技术[M].北京:高等教育出版社,2010.
[8]张丽华,马立克.数控编程与加工技术[M].大连:大连理工大学出版社,2006.
[9]张吉平,蒋林敏.数控加工设备[M].大连:大连理工大学出版社,2009.
[10]韩洪涛.机械加工设备与工装[M].北京:高等教育出版社,2009.
[11]楼章华,杨静云.数控编程与加工[M].南昌:江西高校出版社,2008.
[12]马立克,张丽华.数控加工技术[M].大连:大连理工大学出版社,2009.
[13]陈吉红,胡涛,李民,王军.数控机床现代加工工艺[M].武汉:华中科技大学出版社,2009.